UNREAD

宇宙视觉史

从宇宙大爆炸到时间的尽头

CHARLES LIU

[美] 查尔斯·刘 著

[美] 马克西姆·马洛维奇科 绘

高爽 译

The COSMOS ExplaineD

A HISTORY OF THE UNIVERSE FROM ITS BEGINNING TO TODAY AND BEYOND

10^{15}年后

海峡出版发行集团 THE STRAITS PUBLISHING & DISTRIBUTING GROUP | 海峡书局

图书在版编目（CIP）数据

宇宙视觉史：从宇宙大爆炸到时间的尽头 /（美）
查尔斯·刘著；高爽译. -- 福州：海峡书局，2024.3
书名原文：The Cosmos Explained: A History of
the Universe From Its Beginning to Today and Beyond
ISBN 978-7-5567-1183-3

Ⅰ.①宇… Ⅱ.①查… ②高… Ⅲ.①宇宙—普及读
物 Ⅳ.①P159-49

中国国家版本馆CIP数据核字(2024)第005546号

The Cosmos Explained: A History of the
Universe From Its Beginning to Today and
Beyond by Charles Liu and illustrations by
Maksim Malowichko
Design © 2022 Quarto
Text © 2022 Charles Liu
© 2022 Quarto Publishing plc
Charles Liu has asserted his moral right to
be identified as the Author of this Work in
accordance with the Copyright Designs and
Patents Act 1988.
Published by arrangement with Ivy Press, an
imprint of The Quarto Group
Simplifed Chinese edition copyright © 2024
United Sky (Beijing) New Media Co., Ltd.
All rights reserved.

著作权合同登记号：图字13-2023-119号

出 版 人：林 彬
责任编辑：廖飞琴 潘明劼
特约编辑：南 洋
封面设计：@吾然设计工作室
美术编辑：梁全新

宇宙视觉史：从宇宙大爆炸到时间的尽头
YUZHOU SHIJUESHI:CONG YUZHOU DABAOZHA DAO SHIJIAN DE JINTOU

作　　者：（美）查尔斯·刘
绘　　者：（美）马克西姆·马洛维奇科
译　　者：高爽
出版发行：海峡书局
地　　址：福州市白马中路15号海峡出版发行集团2楼
邮　　编：350001
印　　刷：北京利丰雅高长城印刷有限公司
开　　本：880mm×1092mm　1/16
印　　张：11.75
字　　数：200千字
版　　次：2024年3月第1版
印　　次：2024年3月第1次
书　　号：ISBN 978-7-5567-1183-3
定　　价：98.00元

未 读

关注未读好书

客服咨询

目录

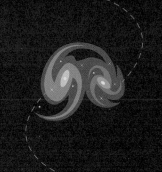

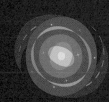

前言

初始，过去，现在，未来，终结。

我们人类是时间的造物，囿于过去与未来之间的此刻，却总想获悉从开头到结尾的全部故事。我们人类也是好奇心的造物，无休止地探究故事的方方面面。为了追寻答案，我们上下求索，只在获得满意的解释之后才稍留片刻，然后继续探究，直到迷失于疑惑的洪流之中。

想了解故事的完整图景，以及想洞悉故事图景之所以如此呈现的原因，这是人类的两项伟大冲动，它们在讲述终极传奇的时候汇聚到一起：关于存在的一切故事。宇宙囊括了所有的空间、物质、能量和时间。人生犹如白驹过隙，我们只来得及了解整个故事的冰山一角，却乐观地认为自己可以掌握宇宙的更多奥秘。活在当下的我们，有希望靠着回望过去以理解宇宙的起源，靠着凝视未来而洞悉宇宙的终点吗？

令人惊讶的是，我们可以，也的确做到了。就像我们人类给下一代写下了我们自己的历史，宇宙也留下了自己的记录。我们的工作就是去理解宇宙书写记录的语言。科学的脚本包括数学的散文以及

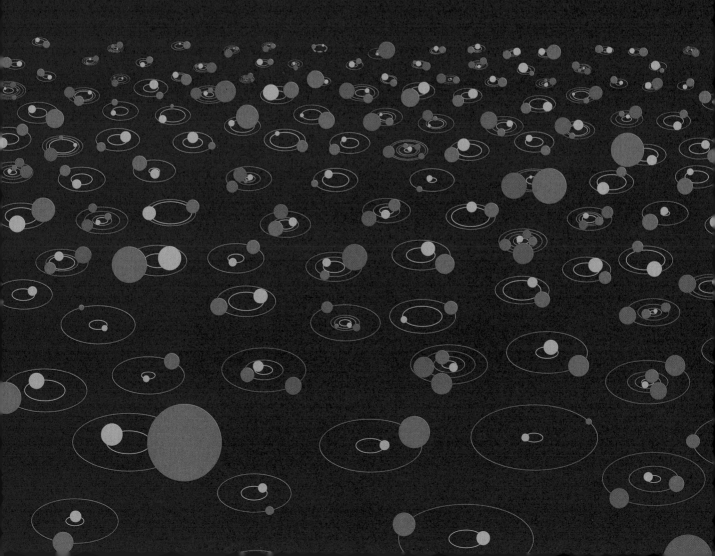

天文学、物理学、化学和生物学的诗歌，我们就是凭借这些来解释宇宙的。

阿尔伯特·爱因斯坦在相对论中解释，宇宙中的每一个时间间隔都有开始和结束。因此，宇宙的历史是由无数个开始和结束编织而成的一张巨网。从宇宙大爆炸和空间膨胀，到作用力的分离、物质的创生、恒星和星系的形成，再到银河系、太阳、地球、生命和我们人类的诞生，都受困于这张宇宙巨网。借助科学的力量，我们也能看向未来的远方，预测恒星和行星的结局，乃至黑洞和物质本身的宿命。宇宙持续存在，幽暗而稳定。然后呢？虽然我们暂时只能透过烟熏的黑玻璃瞥见模糊的未来，但科学的进步终将带给我们更清晰的视野。希望有朝一日我们就会知道这一点。

现在怎么样呢？就在今天，你在这里。我荣幸而忐忑地与你分享宇宙的故事，感谢人类历史上那些科学家的共同努力，让我们可以从宇宙的开始讲述到现在这一刻，再到未来的全部。

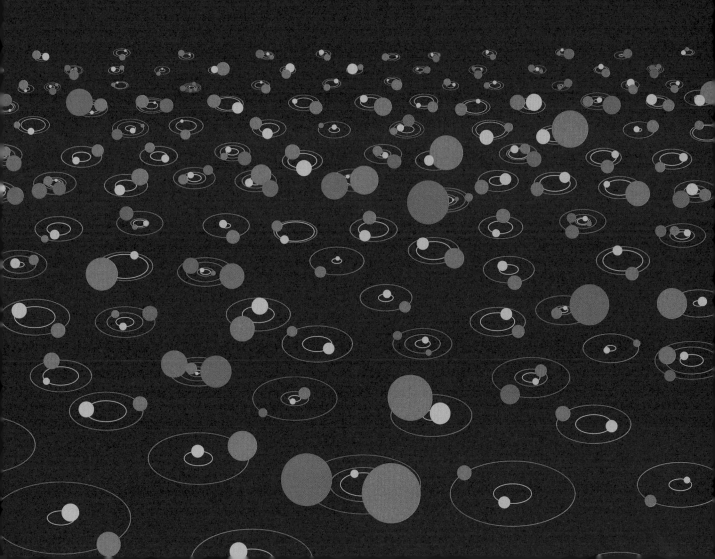

0秒

1

最初的千万亿分之一的千万亿分之一秒

宇宙诞生

如同你的母亲会告诉你的那样，生命的诞生意义重大、不可思议，同时也是混乱的。

生命在刚刚开始的时候通常会经历一系列活动，这些活动似乎应该遵循有序的、可预测的规律进行，但往往会被突如其来的事件打乱，而这些意外事件似乎总是无缘无故地发生。转眼间，有些本不存在的东西就诞生了，这一幕也将永远不会重演。

时间的诞生恰恰具有这样的特点。人类的诞生过程已经很温和了，与之相比，时间的诞生就狂野得多了。在万物的起源处，宇宙间的"生命"始于一场令人眼花缭乱的爆炸式膨胀，这在天文学上称为"大爆炸"。根据物理定律的预测，膨胀会以一种平稳的变化速率不间断地进行下去，但随后，一

股始料未及的能量注入其中，宛若无中生有，给宇宙膨胀增添了变数，以至于无法预测。随着时间的推移，这些能量会以某种有序的方式，在宇宙时空内形成各种模式和结构。宇宙最终又回到平稳的膨胀过程，但在此之前，宇宙的尺寸、形状、特征和历史都已经发生了不可逆转的变化。

但是，如果拿人类生命的开始和宇宙的初始状态相比，我们会发现巨大的差异。在人类还只是一个胎儿或胚胎，甚至一个囊胚的时候，时间、空间、物质、能量和自然的规则就已经在支配着我们。而对于宇宙来说，宇宙诞生并没有前置阶段。那么，

是什么让时间开始流淌？来自虚空中的虚空成就了这一切。真的是这样吗？宇宙真的会从虚空中产生吗？

令人难以置信的是，我们必须超越时间和空间来寻找答案，这会导致我们不得不接受这样一个观念：宇宙产生于我们目前的物理定律不适用的环境中。然而，这是理解这一切的最佳方式，也许是唯一的方式。由于我们对现有的和可能存在的事物掌握有限，还是回到人类自身的出生过程中进行类比。人需要在子宫中孕育；是否有一个超维的多元宇宙创造了产生我们宇宙的条件？一个事件——也许是一组事件和条件——导致一个特殊的人类细胞生长、繁殖，最终发展成为一个独特的人。什么事件或条件可能会产生一个宇宙？

我们以人类有史以来所面临的一些最具挑战性的谜团来开启宇宙的时间线，这是多么合适啊！我们毫不畏惧，尽最大努力将科学的工具和方法——我们几个世纪以来为寻求关于自然世界的答案而开发的非常成功的系统——应用于探究宇宙时间的开端。到目前为止，我们的问题比我们获悉的答案要多得多，这正是我们在最早的可能发现边缘所期望的。

普朗克时间

在宇宙大爆炸的那一刻，宇宙的体积是零，而密度无限大。

这样的"点"被称为奇点，而我们所理解的自然法则在其中并不起作用。那么，在自然法则开始运行之前，经历了多长时间呢？

我们还不确定，但知道这个时间间隔的上限。当前，我们遵循着两种基本科学理论：量子理论和广义相对论。每种理论都有一个长度尺度，分别称为康普顿波长和史瓦西半径，在这个范围内，想进行某些基本测量是不可能的。当这些极限在单个对象中相互匹配时，它们各自的大小约为 10^{-35} 米，即一千亿亿亿亿分之一米。而一束光跨越这一距离所需的时间仅为 10^{-43} 秒，即一千亿亿亿亿亿分之一秒！

这个几乎难以想象的短暂时间被称为普朗克时间，以德国物理学家马克斯·普朗克的名字命名。在那个最早的时间点上发生的任何事情，都无法用我们目前所知的任何物理规则来解释。然而，它为此后发生在宇宙历史上的一切奠定了基础。

广义相对论描述了宇宙中物体通过空间和时间的运动。阿尔伯特·爱因斯坦在1915年首次发表了这项理论。根据广义相对论，空间并非空洞的虚无，而是一种像果冻那样灵活的介质，可以弯曲、凹陷甚至扭曲。有质量的东西使空间向它们扭曲；这种曲率就是引力，空间的扭曲改变了物体的运动，就像物体被一种力量拉动一样。质量较大的物体（如恒星或行星）比质量较小的物体（如人或鹅卵石）对空间的扭曲作用更大，从而产生更多的引力。也许最令人惊奇的是，空间和时间维系在了一起，形成一种被称为"时空"的四维结构。因此，时间也是一种维度，就像长度、宽度和高度那样，只是属性不同。

量子理论发展于20世纪的前几十年，描述了构成宇宙中所有物质和能量的微小粒子的行为和相互作用。根据量子理论，原子和分子只能吸收和释放特定数量的能量，这个数量单位叫量子，不同的物质根据其属性和周围环境表现出不同的量子模式。量子理论还描述了能量和物质如何既是粒子又是波。例如，一束光既可以是一种高能粒子流，也可以是一种携带能量的波。

人物小传

马克斯·普朗克（1858—1947）是一位德国物理学家，他在1900年提出了解决热辐射问题的方案，这一方案使用了光量子的概念，他也开创了量子力学的研究领域。今天，德国领先的科学研究机构被命名为马克斯·普朗克协会，以纪念他的贡献。

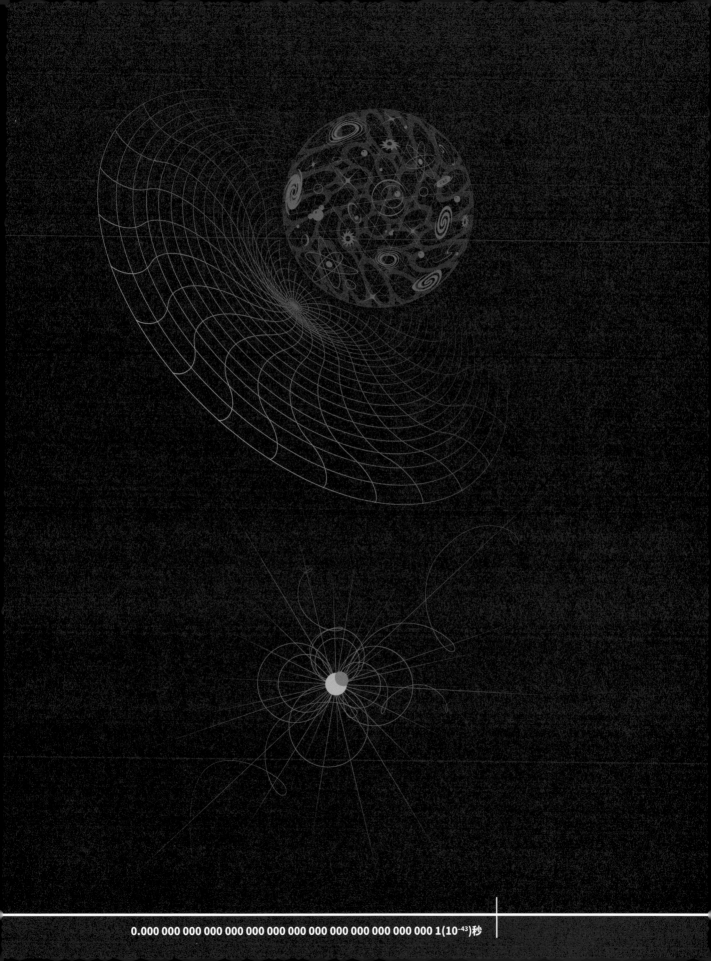

0.000 000 000 000 000 000 000 000 000 000 000 000 000 000 1(10^{-43})秒

大爆炸——发生了什么

普朗克时间已经流逝，大爆炸现在正式开始。

大爆炸并非发生在宇宙中的一场爆炸，它是宇宙本身的爆炸。在0到10^{-43}秒的那个微小的时间窗口内，导致空间释放的工作已经完成，现在宇宙的体积还在增长，从10^{-35}米的普朗克尺度开始，每过一瞬间，宇宙就会增大一分。今天存在的每一点空间都曾经包含在那个微小的内核中；所以，如果今天有人问你大爆炸发生在哪里，你可以回答："这里，那里，到处都是。"

我们今天所知的物理定律现在开始适用于宇宙了。一个立即开始显露出重要属性的特征是温度——衡量一个系统中包含的随机定向运动和振动的平均数量。天文学家更喜欢使用开尔文温标，以开尔文勋爵（或更准确地说，威廉·汤姆森，第一代开尔文男爵，1824—1907）命名，在该温标上，绝对零度是宇宙中可能的最低温度，1开尔文的变化相当于1摄氏度的变化。在我们的日常生活中，40℃

光速是299 792 458米/秒
（约10.78亿千米/时）

0.000 000 000 000 000 000 000 000 000 000 000 000 000 001 (10^{-42}) 秒

宇宙视界随着时间的推移
而增长，但从来不会快到
允许我们看到视界之外的
宇宙。

（104°F/313K）是一个相当热的温度，100°C（212°F/373K）大约是灼伤舌头的茶水温度。此刻，在时间零点之后的 10^{-43} 秒，宇宙的温度是 10^{32}K，比那杯沸腾的茶要热100万亿亿亿倍。

幸运的是，对我们所有人来说，随着空间的扩展，温度也会迅速下降。事实上，在 10^{-35} 秒内，温度已降至一个普朗克时间之后的温度的1/1000了。即便如此，物质粒子也不可能在这样的温度下产生或维持存在。因此，这个时候宇宙的内容只能由光组成，光是以电磁波和光子形式存在的能量。

这种光的强度和活力在今天几乎无法想象。然而，在这个亚微观的旋涡中，一个基本的物理量被确定下来：光速被设定为 299 792 458 米/秒（约10.78亿千米/时）。究竟为什么会是这个速度？我们依然没有答案。然而，这个速度对于宇宙和它的未来是如此基本，以至于我们现在用它来测量长度。1米的长度被正式定义为光在完美真空中1/299 792 458秒内所走的距离。

按照人类的标准，光速快得惊人。一束光可以在1秒钟内从纽约到伦敦往返25次以上。然而，在我们广阔的宇宙中，以光速从一颗恒星到达另一颗恒星需要数年的时间。即使在宇宙大爆炸之后，就在普朗克时间之后，宇宙的膨胀开始把宇宙的一部分区域带到离我们足够远的地方，我们将永远无法再看到那里的光。我们对宇宙的观察范围在我们周围开始形成一个边界，这是宇宙年龄乘以光速的函数，是一个不断增长的宇宙视界。

大爆炸——它是怎么发生的

宇宙大爆炸令人敬畏，甚至有点儿让人不知所措。那么，宇宙的诞生究竟是如何发生的？

毋庸置疑，在我们具备研究宇宙的能力之前，老早就对宇宙的起源充满了好奇心。早在人类运用科学方法来探索自然界的奥秘之前，我们就已经在讲述创世的故事，在我们周围的环境寻找线索，并利用丰富的想象力将我们的推论延伸到万物的开端，所有早期人类文明里都有涉及动物、精神和神灵的超自然或神圣的解释。

贯穿所有这些创世故事的一条共同线索可能是：从静止和黑暗向着活动和光明的转变。用科学术语来说，这意味着宇宙肯定被注入了能量，它在之前是没有能量存在的状态。鉴于时间开始的条件，人们提出了两种宇宙增加必要能量的科学方法：量子涨落和对称性破缺。

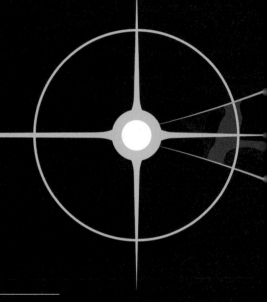

强烈的能量集中在一个很小的体积内，以光的形式爆发出来

在量子理论中，一个能量"气泡"有可能会自然出现，但随后迅速消失，以至于能量的激增没有被察觉到。如果这些量子波动持续的时间很短，那么所产生的能量可能是巨大的。因此，大爆炸的一个可能的能量来源是失控的量子涨落——能量没有消失，而是向外膨胀，推动空间和时间从一个点扩展到整个宇宙。

古希腊哲学家亚里士多德（前384—前322）提出，在时间之初，某种"原动力"启动了宇宙的发条；所有的历史都在这第一次运动之后展开。

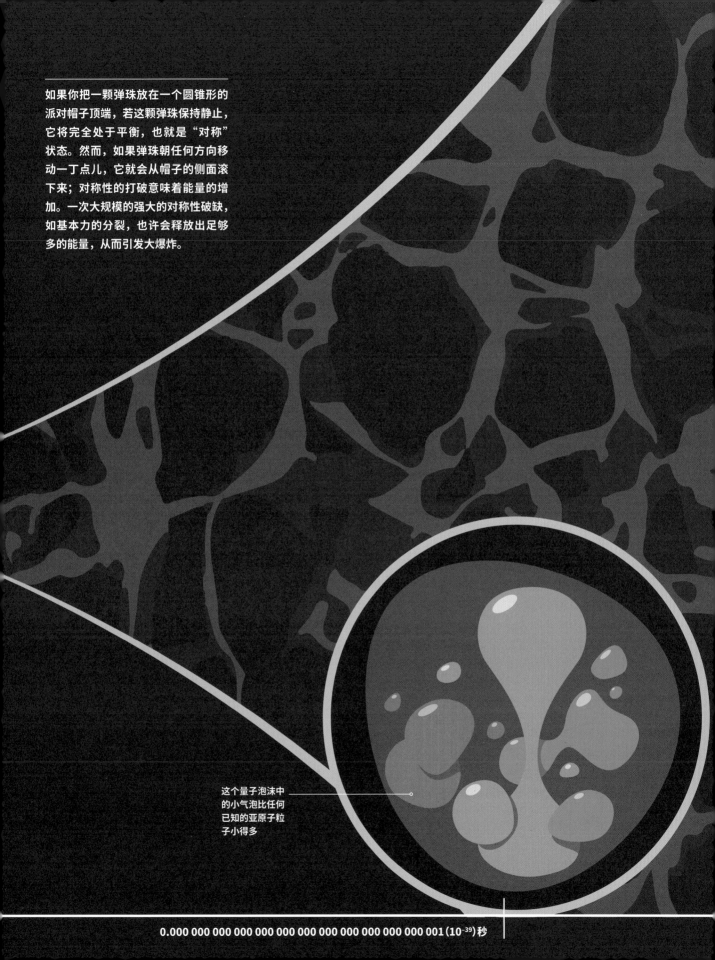

如果你把一颗弹珠放在一个圆锥形的派对帽子顶端，若这颗弹珠保持静止，它将完全处于平衡，也就是"对称"状态。然而，如果弹珠朝任何方向移动一丁点儿，它就会从帽子的侧面滚下来；对称性的打破意味着能量的增加。一次大规模的强大的对称性破缺，如基本力的分裂，也许会释放出足够多的能量，从而引发大爆炸。

这个量子泡沫中的小气泡比任何已知的亚原子粒子小得多

为了探寻宇宙的起源，我们可能要回望超越长度、宽度、高度甚至时间等各个维度。

无论对称性是否遭到破坏，量子涨落和其他相关机制都会引发宇宙的膨胀，启动大爆炸肯定需要大量的能量。而所有这一切都只是无中……生有吗？在此我们还要进一步追问：宇宙会膨胀成什么样子呢？

就像我们人类总会好奇在山与海的彼端有什么那样，科学家在好奇心的驱使下研究得知，我们的宇宙可能只是更大的结构中的一个局部。我们只知道，空间并没有扩展得更多，以及在大爆炸之前并不存在时间，也就是说所有空间和时间的存在都成形于大爆炸发生的一瞬间。我们探寻的既不是过去和现在的扩展，也不是长、宽、高的延伸，而是超越当下的完全不同的维度的可能性。

举个例子，让我们想象一下有两面相邻的旗帜在风中飘扬。某一刻它们短暂地接触。接触点连接了两面旗帜，却又不属于某面旗帜的一部分。现在让我们分析更高维度的情况：如果两面五维的"薄膜"相互接触，它们有可能产生一个单独的四维接触点吗？如果这四个维度中的三维分别是长、宽、高，那么由接触产生的第四个维度可以是时间，也就是在被称为大爆炸的那一刻开始流逝的时间。

在时间之初，如果对称性的破坏确实给宇宙提供了至关重要的能量，那么宇宙及其亚原子成分会倾向于表现出超对称性。这是在最基础的层次上建构物质和能量的理论。在一个超对称的宇宙里，每一种粒子都有它的伙伴，即超对称粒子。它们之间看不见的相互作用是我们观测到的所有物理现象的关键部分。如果像欧洲核子研究组织（CERN）的大型强子对撞机这样的高能物理设备能探测到超对称粒子，超对称理论就可以得到证实。

M理论的部分思想是，在我们的宇宙之外存在四维以上的相互作用的结构。这是物理学家所说的多种版本的弦理论里的巅峰理论，而且它的数学结构和方程式简洁而优雅。不幸的是，M理论还不能提供可行的观测和实验的方法来检验其预测。物理学家开玩笑地说，"M"可以代表膜理论的膜（membrane），也可以代表神秘（mystery）甚至魔法（magic）。

膨胀

紧随普朗克时间之后，光速快到可以把能量从当时微小的宇宙的一端传递到另一端。

这使得整个宇宙保持了均匀性和平衡性。但是，在宇宙膨胀的时候，随着直径的增加，巨大的差异会逐渐显现。截至今天，我们还能看到宇宙中的物质和能量分布的差异。这不是天文学家在今天观测到的结果。实际上，宇宙在大尺度上看起来各向同性，几何上的完美显得极不寻常。我们把这些谜团称为视界问题和平坦性问题。

解决这两个问题的一个方法是，有那么一段时间，宇宙不是线性地膨胀，而是呈指数级暴胀。在宇宙的不同区域失去彼此间的联系之前，突然发生的疯狂膨胀将宇宙空间往各个方向扩展拉伸了至少100万亿亿倍。当宇宙恢复正常膨胀的时候，每个区域都残留了暴胀之前的古老的印记，所以从本质上来说，空间的每个部分都从同一个起点开始增长，最终看起来都非常接近。

暴胀要起作用，必须开始于大爆炸之后的 10^{-35} 秒左右，结束于 10^{-32} 秒左右。以人类的标准来衡量，这段时间实在不算长，但它是普朗克时间的100亿倍，有足够的间隙把宇宙拉扯为我们今天看到的形状，把我们送上一去不复返的宇宙膨胀之路，一直持续到今天。

跟大爆炸一样，宇宙暴胀也需要惊人的能量为动力。一种可能的能量来源是另一次对称性破缺，一种基本作用力"破裂"成了两种，产生了电磁作用力和核力。

暴胀期理论解决了有关宇宙诞生和增长的重要问题，也产生了意料之外的后果。在我们这样的四维时空中，是什么阻止了暴胀过程重复发生？时空中的居民永远不可能逃离自己的空间暴胀区域，其结果可能是存在大量的正在膨胀的小宇宙，它们镶嵌在一起而又各自膨胀，这实际上就创造了多元宇宙。

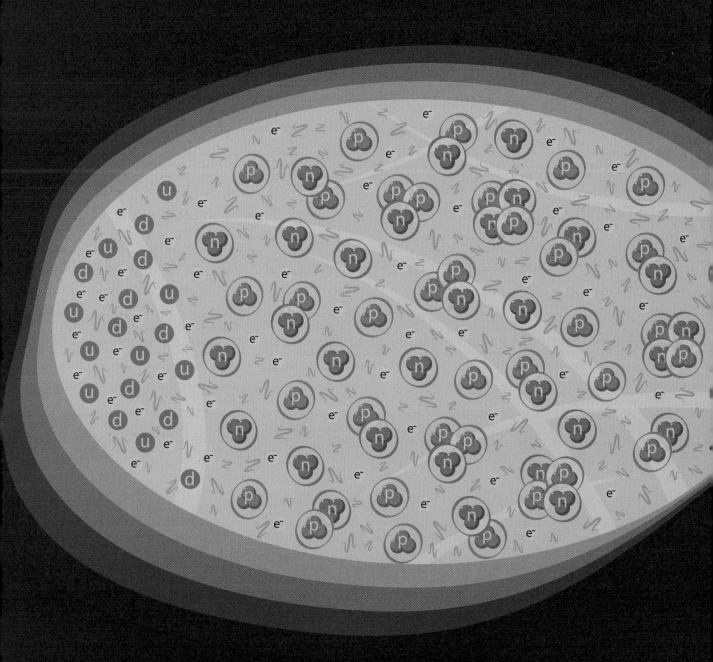

0.000 000 000 000 000 000 000 000 000 000 01(10⁻³²)秒

2

大爆炸后
5分钟

宇宙组成物质的产生

初生的宇宙正在成长，它发光，炙热。

宇宙大爆炸后的千万亿分之一秒，空间的温度超过了 10 亿摄氏度。早期宇宙只包含一种东西——能量。没有任何东西能在这炙热的环境中形成或存在。

幸运的是，这种不友好的环境条件不会持续太久。由于被称为"电弱对称性破缺"的神奇过程，或者更简单地说，以其发现者之一命名的希格斯机制，能量粒子很快就开始转变成有质量的粒子，形成我们今天所构成的物质的初始部分。

这种看似神奇的转变是如何发生的呢？想象一下，在一个潮湿的日子里，你正站在海边，突然一阵冷风从海上吹来，空气中的水蒸气凝结成水滴，继而雾气弥漫。水滴的基本物质与水蒸气的基本物质相同，但是它的组织方式发生了变化。在这个例子中，水从气态变为液态。能量和物质以类似的方式相互关联：正如阿尔伯特·爱因斯坦用他著名的方程式 $E=mc^2$ 表明的那样，能量和物质犹如同一枚硬币的两面，就像英镑和美元都是货币一样，通过一个直接的转换系数联系起来。

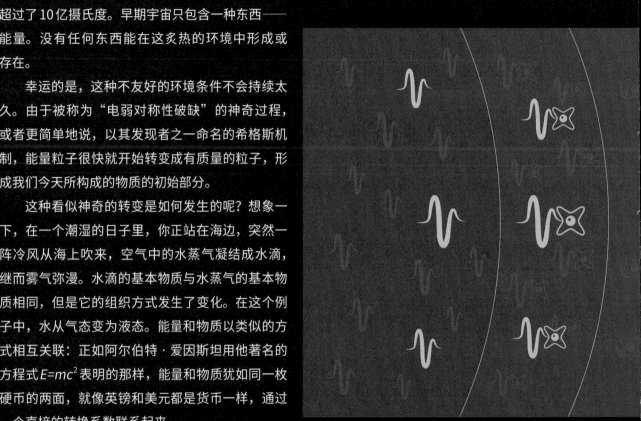

早期宇宙可没有清凉的海风。随着时间的推移，宇宙空间不断膨胀，炽热的能量扩散开来，整体温度也随之下降。在宇宙又老化了 1000 倍，达到一万亿分之一秒的成熟年龄后，温度则下降到只有几百万亿摄氏度。虽然这对我们来说仍然是难以想象的高温，但它跨越了一个关键的宇宙临界点，触发了希格斯机制。

一旦大质量粒子开始出现，它们的种类和数量都会激增。它们被命名为玻色子、费米子、夸克和轻子，开始在稠密的宇宙热汤中游走。随着宇宙空间的不断扩大和进一步冷却，"热汤"仿佛成了粒子的动物园，其中许多粒子开始结合成更大的粒子。与此同时，有些粒子仍然是无质量的状态，比如我们可以感觉到的光子，以及可以联结夸克的胶子。

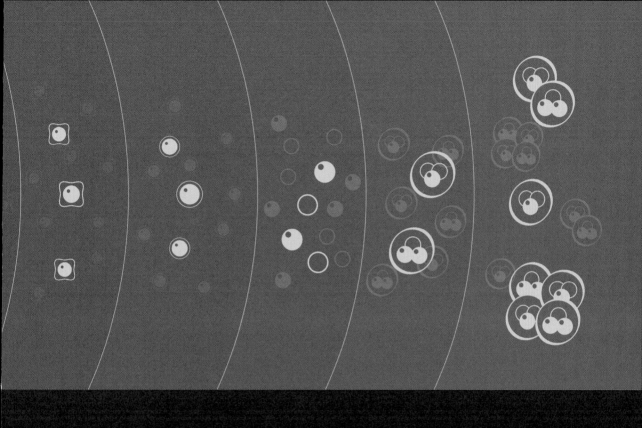

夸克和胶子一起组合成质子和中子，它们反过来又组合成氘和氦。当所有的过程都完成后，宇宙就充满了原子核。

　　完成所有这些粒子的创造和核合成，感觉应该需要漫长的宇宙时间，但根据人类的计算，它只发生在短短的几分钟内。更令人惊讶的是，新创造的

物质并没有立即全部被反物质湮灭并转变成能量，尽管有足够的机会让这种情况发生。相反，由于科学上仍然未知的因素，有一小部分物质留了下来。这些挥之不去的残留物将随着时间的推移而持续存在；这是一件非常好的事情，因为这些粒子将成为恒星的组成部分。

四种基本力就位

在物质存在之前，基本力支配着宇宙。

暴胀期过后，宇宙恢复了原来的膨胀速度，到暴胀期结束时约一万亿亿倍的年龄，宇宙一直维持着平稳的增长和冷却。然后，在大约一万亿分之一（10^{-12}）秒的成熟年龄，一场新的大灾变震撼了宇宙。这是怎么回事呢？

一个可能的解释是，发生了基本对称性破缺。在该模型中，以前至少有过两次对称性破缺事件：第一次发生在普朗克时间，大约 10^{-43} 秒；第二次发生在宇宙暴胀的开始，大约 10^{-35} 秒。在这两次事件中，宇宙的力量都发生了分裂。第一次对称性破缺将原来统一的基本力分成了两个，第二次对称性破缺则将两个基本力变成了三个。

现在，在 10^{-12} 秒，第三次对称性破缺将三种基本力变成了四种：引力、强核力、电弱力变成了引力、强核力、电磁力、弱核力。就像前两次基本力的分裂事件一样，我们不知道为什么会发生这种情况；可能是宇宙的平均温度下降到了某个特定的水平，也就是低于大约 100 万亿摄氏度，从而打破了对称性。不管怎么样，随着四种基本力的就位，宇宙中逐渐出现了大质量的粒子，这些粒子是我们今天可以感知到的物质的最基本的组成部分。

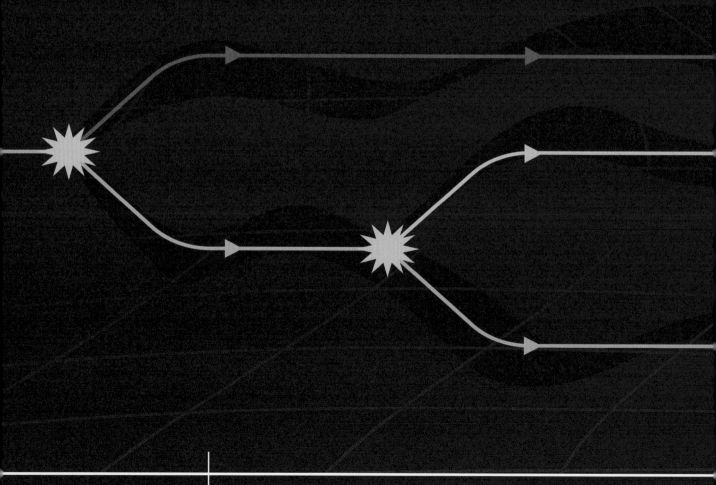

0.000 000 000 000 000 000 000 000 000 000 01 (10^{-32}) 秒

通俗来讲，力是一种推力或拉力。站在宇宙的角度，这四种力是在宇宙中产生推力和拉力的基本方式。每一种力都源于对这种力敏感的粒子与"势场"的相互作用，势场就是被这种力所影响的空间区域。例如，我们拿出一块小磁铁，它产生了一个势场，与你冰箱门上的金属粒子相互作用，在磁铁和门之间形成了一种牵引的电磁力；磁铁不会粘在树上，因为木质颗粒不会与电磁势场发生作用。当然，在宇宙初生时，还没有磁铁、门或树；大爆炸后的万亿分之一秒，只有能量和力。宇宙中形成的第一批粒子顺势发挥着关键作用。

在四种基本力中，强核力和弱核力的势场只能延伸到亚原子尺度，而电磁力和引力可以跨越行星或银河系尺度。就粒子对粒子的强度而言，强核力大约是电磁力的1000倍，而电磁力又比弱核力强大一万亿倍以上。引力的强度远低于弱核力的万亿分之一，是迄今为止这个尺度上最弱的力量。

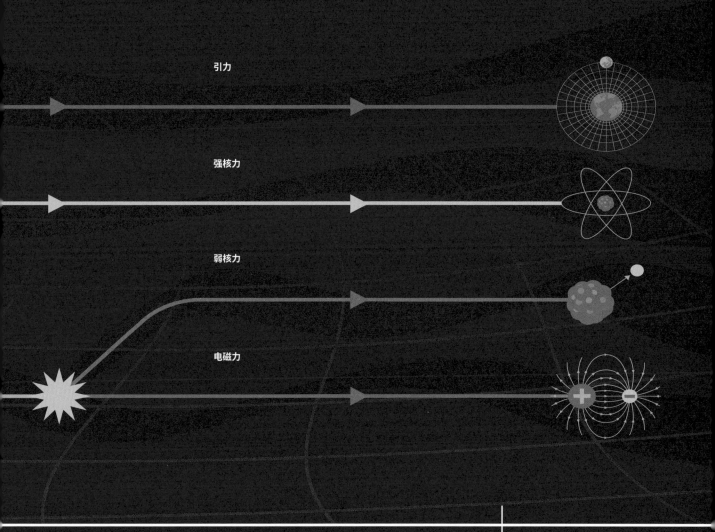

引力

强核力

弱核力

电磁力

亚原子粒子汤

宇宙中的物质首先以一种混沌的夸克－胶子等离子体的形式出现。

如果目前关于宇宙的科学理论是正确的，那么从这个时候开始，即大爆炸后的万亿分之一秒，四种基本力中的每一种都开始被其对应的玻色子从宇宙的一个部分传递到另一个部分。引力由引力子传递，强核力由胶子传递，电磁力由光子传递，弱核力由W和Z粒子传递。不过，就在电弱力分裂的时候，另一个潜在的势场——希格斯场开始显现出来。这个势场与W和Z粒子相互作用，对它们的运动产生阻力，就像游泳池里的水会对游泳者产生阻力那样。这种阻力使得粒子变重。换句话说，物体具有了质量，这在宇宙历史上还是第一次。

在宇宙有百万分之一秒的年龄之前，四种基本力的这些关联属性正处于宇宙演化的最前沿。现在，宇宙的膨胀和冷却程度足以让第一批大规模的物质开始出现。这些粒子有六种，被称为夸克，它们在与希格斯场相互作用时被赋予了质量。它们也带有一些电荷。六种粒子中的三种具有当今电子的1/3的电荷，另外三种具有当今质子的2/3的电荷。粒子也包括反夸克，它们是具有相反电荷的反物质版本的夸克。此时的宇宙仍然非常小，强核力控制着夸克的运动和行为。胶子有八种，在夸克周围旋转和流动。其结果是使宇宙成为一个带电的、黏稠的、具有惊人能量和密度的混合物。

光子是光的粒子，在今天的宇宙中无处不在。利用强大的粒子加速器，科学家已经探测到了胶子、W和Z粒子以及希格斯玻色子。所有这些不同的粒子类型似乎都遵循一套与上述基本力和质量图景一致的物理规则。除了引力子，它尚未在实验中被探测到；然而，引力子存在的间接证据，可能就在于科研人员对引力波的研究中，引力波是由地球上观测到的黑洞的遥远碰撞产生的。

人物小传

萨蒂延德拉·纳特·玻色（1894—1974）是印度理论物理学家和数学家，他与阿尔伯特·爱因斯坦一起发现了可以携带力量的亚原子粒子的特性。今天，为了纪念他，我们把这些粒子称为玻色子。玻色子可以与类似的粒子聚集在一起，产生具有惊人物质特性的玻色·爱因斯坦凝聚体。

1964年，英国物理学家**彼得·希格斯**（生于1929年）和**汤姆·基布尔**（1932—2016）、比利时物理学家**弗朗索瓦·恩格勒特**（生于1932年）和**罗伯特·布鲁特**（1928—2011）以及美国物理学家**C.R.哈根**（生于1937年）和**杰拉尔德·古拉尼克**（1936—2014）提出了关于粒子及其相应势场存在的理论，以解释粒子为何有质量。近半个世纪后，他们的理论被证明是正确的，2012年7月4日，欧洲核子研究中心宣布发现了希格斯玻色子。

0.000 000 01 (10⁻⁸)秒   0.000 000 1 (10⁻⁷)秒

亚原子粒子动物园

在0.001秒的时间内，一锅黏稠的等离子体变成了大量的粒子。

光子和胶子，与它们的玻色子对应物 W⁻、W⁺和 Z 粒子不同，不会与希格斯场发生交互作用，因此光子和胶子没有质量。不过，它们仍然携带能量，在宇宙诞生的最初时刻，它们集聚的能量非常高，以至于可以转化为大质量粒子。

在夸克–胶子等离子体中，当无质量的胶子与大质量的夸克相互作用时，这种情况就会不断发生，当各种组合在旋转的热量中被建立和拉开时，就会整合和瓦解。随着等离子体的进一步冷却，下降到数万亿摄氏度的温度，夸克和胶子开始凝聚成较大的复合粒子，称为强子。六种夸克有着欢快的名字：上、下、粲、奇、顶和底，它们在夸克–反夸克对中结合成介子，或在三个夸克组合中结合成重子。

有两种夸克最终成为主角：上夸克，带有 2/3 的正电荷；下夸克，带有 1/3 的负电荷。两个上夸克和一个下夸克，与胶子结合在一起，组成带正电的质子；一个上夸克和两个下夸克，同样与胶子结合，则组成电中性的中子。

宇宙大爆炸后的万分之一秒，宇宙背景温度下降到一万亿（10^{12}）摄氏度，胶子开始连接夸克构成强子。现在，另一组被称为轻子的粒子登上了宇宙舞台。轻子是含有质量的基本粒子中最轻的一种。六种轻子中最著名的是电子，它是当今宇宙中每个分子的组成成分，也是我们每天在技术中利用的负电荷的载体。μ子和τ子也携带负电荷。这三个带电轻子中的每一个都有一个不带电荷、质量极小的超对称伙伴；它们是三种类型的中微子，这些幽灵般的粒子几乎可以不受阻碍地穿越宇宙中的任何物质。

质能转换公式是 $E=mc^2$，这也许是科学领域最著名的方程式。这个公式由阿尔伯特·爱因斯坦在 1905 年得出，解释了产生一个质量（m）的粒子需要多少能量（E）的问题。换算系数是光速的平方这个巨大的数字；若将整个英国每年消耗的能量完全换算成质量，几乎只能产生 100 克的物质。

基本亚原子粒子的组合符合一个被称为标准模型的理论框架。三对夸克——上和下、粲和奇、顶和底——彼此共享属性，三对轻子——电子和电子中微子、μ子和μ中微子、τ子和τ子中微子，这些粒子是费米子。这些粒子中的每一个都有一个匹配的反粒子，即自身的反物质版本。另一组粒子是八种胶子、W⁺、W⁻、Z、光子、引力子和希格斯粒子，它们是玻色子。

人物小传

阿尔伯特·爱因斯坦（1879—1955），1905年的他还是瑞士的一名研究生，在专利局做文员养活自己和家人。这一年，他发表了四篇开创性的论文，叙述了现代物理学的大部分理论基础。十年后，爱因斯坦发现了广义相对论，该理论从数学上解释了空间、时间和引力是如何在宇宙的形状和结构中联系在一起的。

夸克

轻子

 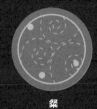 

上　　　　粲　　　　顶　　　　　　电子　　　μ子　　　τ子

  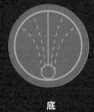

下　　　　奇　　　　底　　　　　电子中微子　μ中微子　τ子中微子

玻色子

胶子（八种）　　　光子

Z玻色子　　　W玻色子（两种）

希格斯波色子　　　引力子（尚未直接探测到）

核合成开始

当能量转化为物质时，物质总是以粒子和反粒子的形式两两成对出现。

成对出现的粒子相同，但它们的性质相反，如果它们再次接触，就会互相湮灭，两者将再次转变为能量。

这类过程中最著名的例子之一简称（电子）偶生成，过程是这样的：一个高能光子受到附近粒子的影响，自然地变成了一个电子和一个反电子（也称为正电子）。从大爆炸后大约 0.001 秒到 0.01 秒，电子偶生成快速而猛烈地出现在宇宙中，而电子 – 正电子的湮灭同样快速而猛烈。其他粒子对，如质子和反质子，也在空间中所包含的质量和能量的泡沫汤中被创造和摧毁。

不过，宇宙仍在不断膨胀。这意味着同等数量的热能被扩散到一个越来越大的体积中，因此空间的平均温度不断下降，飞过空间的光子的平均能量也在不断下降。大爆炸后大约 1 秒钟，中微子能够在宇宙中穿行而不被破坏。几秒钟后，宇宙里产生了质子和中子，这些质子和中子不会立即被摧毁，而是在空间停留足够长的时间进行交互作用。最终，宇宙中大约每七个质子对应一个中子。

在这一阶段，当一个质子与一个中子相互作用时，几乎总是一种良性碰撞。它们彼此交换一些能量，但很快就分道扬镳，基本上没有什么变化，有点像碰撞的弹珠或斯诺克球。但是，一旦宇宙的温度下降到大约几十亿摄氏度，一种新的、惊人的物理反应就开始发生。每隔一段时间，质子和中子相碰撞就会导致合并，从而形成一种新的复合粒子，称为氘核。这是宇宙里形成的第一种多粒子的原子核，标志着大爆炸核合成的开始。

质子数量相同，但中子数量不同的同一元素的不同核素被称为同位素。氢原子的原子核是由一个质子组成的；氘是氢的一种同位素原子核。氢的第三种同位素也存在，它有一个质子和两个中子，被称为氚。

原子的现代形象是一个小而密集的物质核，被环绕原子轨道的电子云所包围。带正电的原子核平衡了带负电的电子云，从而形成了一个没有净电荷的中性原子。然而，在早期宇宙的高温环境下，电子无法与原子核保持结合，因为其与周围所有的亚原子粒子发生高能量碰撞的频次太高。

奇怪的是，质子或中子的质量——为希格斯场所赋予——远远大于由其组成的三个夸克的质量总和。今天，原子和分子中的绝大部分质量来自胶子的能量，胶子是无质量的，它将每个质子或中子结合在一起。三个"价夸克"在它们的粒子中被夸克 – 反夸克对的"海洋"所包围，随着胶子的不断形成和分裂，这些夸克对也不断地出现和消失。这是解释阿尔伯特·爱因斯坦的标志性公式的一个典型例子，该公式显示了能量和质量的等价性，$E=mc^2$。

光子是携带电磁力的无质量玻色子。在这个角色中，光子作为能量的量子力学单位，同时以粒子和波的形式穿梭于宇宙，承担着双重职责。一个光子的能量决定了它的波长和颜色。例如，一束蓝光比一束红光携带更多能量的光子。X射线和无线电波也是光子，其波长超出了人眼所能看到的范围。

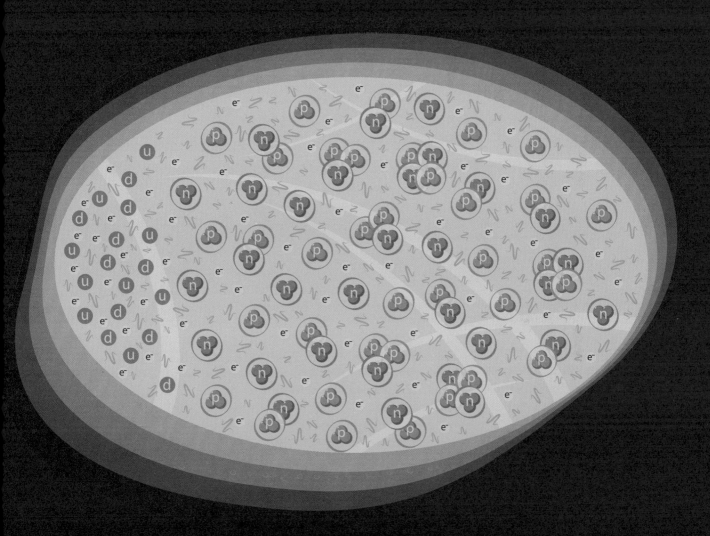

起初，物质和反物质粒子挤在一起，
进行湮灭和重组。随着空间的膨胀
和温度的下降，反物质渐渐消失。
最终剩下的物质粒子主要是中微子、
电子、质子和中子。

0.1(10⁻¹)秒   **1(10⁰)秒**

核合成：更重的核

在核合成的过程中，氘核的含量越来越多，在不到2分钟的时间里含量到达了最大值。

在氘核的含量成倍增加的时候，新的过程也开始起作用了。氘核会与自由的中子结合在一起，形成一个包含单个质子和两个中子的原子核——氢－3。氘核还可能与自由的质子结合在一起，形成一个包含两个质子和单个中子的原子核——氦－3。氘核之间相互结合会形成新的原子核——要么包含一个质子和两个中子，另有一个质子逸出；要么包含两个质子和一个中子，另有一个中子逸出。

氘核的反应过程使得大爆炸核合成达到了峰值，氢－3和氦－3自由地相互作用，生成了各式各样的原子核组合的产物。最终，全部过程的净效应是，成对的氘核结合为包含两个质子和两个中子的氦原子核，即氦－4。在大爆炸的5分钟后，宇宙中超过3/4的质量以质子的形式存在，不到1/4的质量以氦－4核的形式存在，还有很少的一部分质量以轻子、残留的中子、氘和其他原子核的形式存在。

到目前为止，整个宇宙中只有氢和氦这两种元素的原子核产生完毕了，这似乎很奇怪。组成我们这个世界的其他元素，比如碳、氧、铁、银、金等在哪儿呢？答案是它们的核合成还要等上很长很长时间。

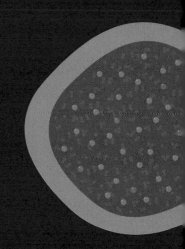

现代元素周期表用一套符号系统排列原子核，上标数字显示的是重子数：质子是 ^{1}H，氘核是 ^{2}H，氢－3是 ^{3}H，而氦－3和氦－4分别是 ^{3}He 和 ^{4}He。

在宇宙历史的这一刻，除了 ^{1}H 和 ^{4}He 之外，剩下的核子只占宇宙质量的不到0.1%。这些重核中的极少数以锂－7（^{7}Li）、^{2}H 和 ^{3}He 的形式存活至今；天文学家研究这些早期元素的比例，以推断大爆炸后几分钟内宇宙的详细状况。

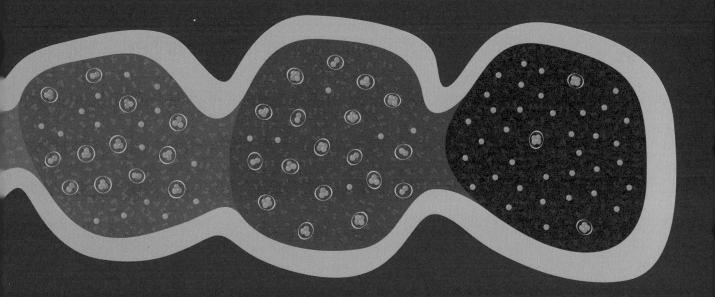

质子（蓝色）和中子（红色）
以各种方式结合数分钟，最
终几乎完全融合为氢和氦原
子核。氢现在主导着宇宙中
所有的发光物质。

3分钟

4分钟

5分钟

物质与反物质的不平衡

我们存在于此——也就是说，这些粒子最终将构成我们。

大爆炸后不到10分钟，宇宙已经膨胀得如此之大，以至于空间的平均能量密度不再大到足以诱发核合成。每一个没有被束缚在原子核中的中子，平均持续不到15分钟就会自发地转变成一个质子、一个电子和一个反中微子。氘和氦的生成停止了，质子的数量在几个小时内稳定下来。在那些高能条件再次出现之前，不同元素和同位素的数量和比例暂时保持不变。

但是，等等。为什么会有元素和同位素的存在？当能量转化成物质时，例如在成对产生电子偶时，会产生等量的物质和反物质。在大爆炸后的1分钟内，所有在宇宙中自由移动的电子和正电子应该已经相互碰撞并湮灭。随着核合成的发生，由反物质构成的粒子数应该和物质的数量一样多。当它们继续在宇宙中随机移动并相互碰撞时，便会彼此湮灭；理论上所有的物质都应该消失，这个过程虽然缓慢，但确定无疑。然而，我们却看到物质仍然存在。

很明显，一定存在某种不平衡性，使宇宙的天平向物质一方倾斜。这是好事，否则我们今天不可能存在。不过，这意味着宇宙的某个基本对称性肯定在某个阶段被打破，从而导致天平的倾斜。它是其中一种力量冻结的副作用吗？或者，宇宙粒子的基本性质是否包含了某种其他的不对称性？

目前，最有可能解释物质和反物质的不平衡性的一种假说，涉及上述两种猜想的结合，通过一类所谓的大统一理论（GUTs）试图解释强核、弱核和电磁力在统一时如何相互作用，以及它们分裂后发生了什么。如果某个版本的大统一理论是正确的，就可以直接解释为什么早期宇宙中所创造的物质比反物质多一小部分。

但是，这种解释也会带来一种结论：所有复杂的物质粒子最终必定衰变为更简单、质量更小的粒子。最终的检验是看质子是否衰变。尽管研究人员进行了几十年的实验，但从未测量到衰变的质子。宇宙中的物质存在之谜仍然没有得到解决。

让我们设想一个情景，来想象早期宇宙中物质和反物质的不平衡状态：在一个足球场上，100亿枚硬币都直立着保持平衡。现在一下子把它们全部打翻；尽管每一枚硬币都有相同的概率正面或反面向上，但正好有5 000 000 001个落在正面，4 999 999 999个落在反面。想象一下，如果这种情况一次又一次地发生，每一次硬币都被重置和打落，循环反复进行。是什么原因导致了这种不稳定的差异？

超级神冈探测器是当今粒子物理学研究领域中最重要的实验设施之一，它位于日本飞驒市附近的茂住矿区地下1000米处。一个装有5万吨高度净化水的水箱被大量的光敏探测器所包围；适用于探测在太空中飞过地球的中微子，以及水中发生的任何质子的衰变。截至目前，超级神冈探测器已经观测到大量的中微子，但没有发现质子衰变。这意味着质子的平均寿命至少超过10^{34}（10 000 000 000 000 000 000 000 000 000 000 000）年。

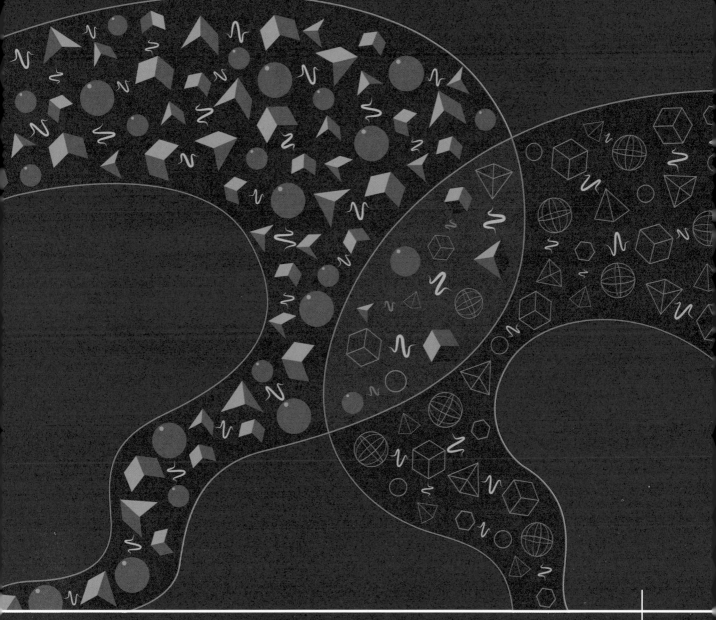

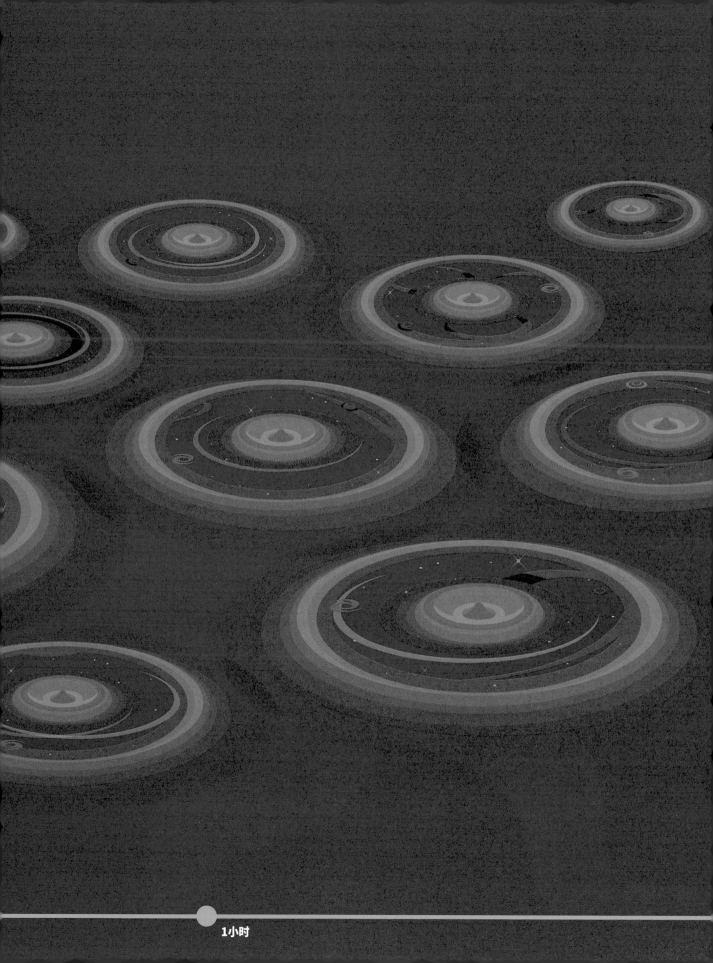

1小时

3

大爆炸后
40万年

建立宇宙的大尺度结构

今天的宇宙有着大大小小的尺度结构。

即便是地球海滩上最微小的沙粒也含有原子和分子，它们通过核力和电磁力结合在一起，同样也是这些力量将粒子相互分开。其结果是粒子形成坚硬的沙粒结构，使得沙粒可以作为一个整体自由运动，同时明显有别于周围的水和空气。另外，在宇宙范围内，结构往往由引力连接在一起；因此，每一粒沙子、每一滴水和每一缕空气都紧贴着地球表面，它们不计其数，彼此不同，构成了我们生活的星球。

宇宙大爆炸后几分钟，宇宙中没有任何结构，只有原子核、亚原子粒子和大量的能量在混沌中流窜。不知何故，这种乱局一定催生了我们目前观察到的结构——行星、恒星、星系以及它们在整个空间的分布。究竟发生了什么？

这种变化还是由宇宙膨胀推动的。随着宇宙体积的增长，时间由几分钟变成几小时、几天、几周和几个月，宇宙空间中的温度从大爆炸核合成结束时的炽热程度持续下降。宇宙膨胀的速度——它意味着宇宙与之前的某个时刻相比有多大——现在是衡量时间流逝的一种方式。时间会继续流逝，变成几年、几十年、几百年、几千年，直到温度从数百万摄氏度降到几千摄氏度。

平均而言，宇宙空间随便一处的温度都比我们的火炉更热，但物质和能量之间的相互作用可以更系统地运作，而不仅仅是随机的碰撞。想象一下，在一杯茶中滴入一滴牛奶：如果茶是滚烫的，这滴牛奶会立即与茶水混合，但如果这杯茶稍微凉一点，这滴牛奶会在茶水中曲折地流动一段时间，形成一个转瞬即逝的漩涡结构。如果茶水迅速变冷，这种结构就不会均匀地消散在茶水中，漩涡会保留下来，你必须用勺子把它搅拌成均匀的混合物。

当然，在宇宙中并没有这么一把勺子可以把所有东西搅拌均匀，所以宇宙中形成的结构会保留下来，并随着空间的冷却而不断增长。另外，宇宙中也没有从外部滴入的牛奶，所以任何结构只能从已经存在的物质中产生，而非某个外部来源。就像质子和中子在大爆炸后的瞬间从夸克－胶子等离子体中凝结出来一样，更大的结构也是如此——氢核和氦核与电子结合在一起，形成原子。那些携带电磁力的无质量的光子停止拖动物质，开始独立在太空穿行。尽管现在存在的结构可能还很微小，但它们都是即将出现的各种惊人的宇宙现象的种子。

红移

穿梭宇宙的光被膨胀的空间拉长，提供了一种测量宇宙时间的物理方法。

如果你以前没有尝试过，现在可以在橡胶带上画一条波浪线，然后把橡胶带拉长，你会注意到波浪延伸了。当然，波峰之间的距离也会增加。祝贺你！你刚刚演示了天文学家如何记录宇宙时间——红移。

宇宙中所有的物质都嵌在时空的结构中，时空不只在四个维度上跨越距离，还有弹性、会伸缩，就像橡胶带一样。你的橡胶带在一维（长度）上伸展，而气球在充气时在二维上膨胀。至于三维膨胀，也许你可以想象一个蓬松的葡萄干面包；当它被烘烤时，面团会膨胀，葡萄干也会随之扩散分开。

与整个宇宙相比，我们今天居住在地球上的时空是如此窄小，以至于我们在日常生活中既无法感知它的膨胀，也无法感知它的曲率。例如，一只小甲虫在巨大的气球上爬行，在它绕着圆周爬行了相当大的距离之前，它意识不到自己是在一个弯曲的表面上。同样地，我们必须遥望太空，才能看到宇宙拉伸的蛛丝马迹。

这就是波浪线的作用所在。穿越宇宙的光子具有波长，这个波长随着宇宙的增长而增长。较短波长的可见光在我们眼中看起来更蓝，而较长波长的光看起来更红。因此，当很久以前发射的一束光到达地球时，我们将观察到它的波长被拉长了，它的颜色将移向更红的颜色。换句话说，它被红移了。红移越高，它被发射出来的时间就越长。

通过红移，我们就可以根据宇宙的膨胀来标记时间的流逝。我们不使用怀表或钟摆，宇宙本身就是我们的时钟。

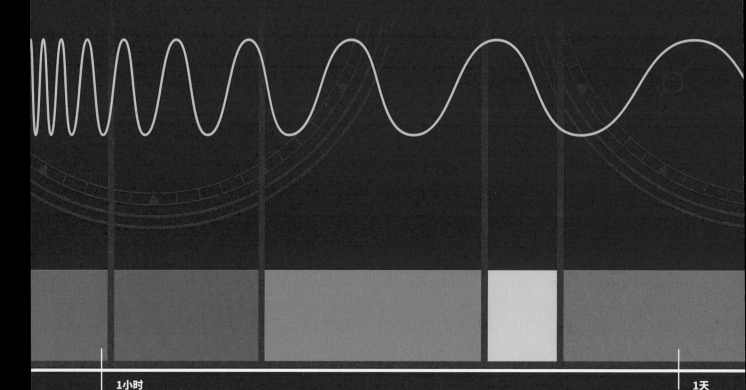

我们的眼睛能看到的光，只占流经宇宙的所有光的一小部分。至于看不见的光，根据波长我们通常把它们分成几类：伽马射线、X射线、紫外线、红外线、微波和无线电波。所有的光加在一起就被称为电磁波谱。

随着宇宙的年龄从几分钟增长到几年和几百年，跨越整个宇宙的距离也越来越大。光在一个地球年内经过的距离是一个长度单位，称为光年，相当于大约 9 460 000 000 000（9.46万亿）千米。作为比较，从伦敦到中国香港的距离是 0.000 000 001光年。一种更大的长度单位是秒差距，约等于3.26光年。

人物小传

乔治·亨利·约瑟夫·爱德华·勒梅特牧师（1894—1966）是一位天文学家、数学家和物理学教授，他是第一个提出"原始原子假说"的人，该假说后来被称为"大爆炸"。他将观察到的遥远星系的红移与宇宙的膨胀联系起来，并在1927年发表了首次测量的宇宙膨胀率。

在一束光中观察到的红移量表明这束光是在多久前发出的。如果观察到的光的波长是光的原始波长的两倍，那么这束光离开它的源头时，可观测的宇宙是其原始直径的一半。如果可观察到的光的波长是原始波长的三倍，那么它离开时，可观察到的宇宙是其原始直径的1/3；四倍的波长，1/4的直径；依次类推。

重子声学振荡

因为物质和能量在时空中一起流动，所以宇宙中的涟漪是由宇宙的"铃声"产生的。

宇宙大爆炸的巨大力量使新生的宇宙像敲响的锣鼓那样发出响声。随着宇宙的膨胀，所产生的其他巨大能量使空间和时间不断响起类似声音的波动。令人惊讶的是，天文学家甚至在今天还能观测到这些声波的残余，他们是如何做到的呢？

如果你把一块鹅卵石扔进池塘，一个圆形波纹从撞击点向外散发，穿过水面。如果往池塘扔进一把鹅卵石；每块鹅卵石激起的波纹都会扩散，并交相重叠，很快就会形成一个错综复杂的波峰和波谷图案。虽然这个图案看起来无法破译，但从数学的角度，科学家有可能重建并计算出鹅卵石最初是如何以及何时落入水中的。无论如何，在波纹全部消失之前，可以持续计算一段时间。因此，让我们想象一下，如果在鹅卵石触及池塘表面的瞬间，池塘结成了冰，会发生什么。纹状图案将被保存在冰中，所以即便鹅卵石已经沉入水底，我们也能弄清楚最初的水花是如何发生的。

这种情况类似于不断膨胀的早期宇宙中发生的情况。随着温度的下降，振动的模式冻结成了物质——具体来说就是质子、中子等重子——在整个宇宙空间扩散。这些重子声学振荡的大小随着宇宙的膨胀而增加，在振荡冻结到最大值的时候达到顶峰。最终，原子和分子在重子聚集的环和壳中形成了更紧密的联系；而今天，星系和恒星的位置分布也能追溯到这些模式。

顾名思义，重子声学振荡是一种声波。与可以在真空中传播的光波不同，这些波的传播必须依靠介质，就好比鸟鸣声需借助空气传播，以及海浪需借助海水来涌动那样。在宇宙历史的早期，振荡可以穿过占据空间的粒子和能量的汤；今天它们就做不到了，因为物质分布得太稀疏，宇宙空间过于辽阔而且寒冷。

天文学家利用广域巡天观测信息来测量今天印在宇宙中的重子声学振荡的规模。2005年，天文学家处理了斯隆数字巡天项目观测到的超过45 000个星系的数据，并计算出重子声学峰值略低于5亿光年。

复合

宇宙中的电子与质子、原子核结合，创造了构成我们今天一切的原子。

如果你把气体注入一个密封的容器中，并把气体加热到几千摄氏度，就会发生电离现象。电子将从它们原来所围绕的原子核中分离出来，从而产生一种被称为等离子体的带电气体，它由自由飞行的带负电的电子和带正电的原子核组成。如果你让气体冷却下来，自由电子将重新与离子结合——尽管结合的不一定是它们之前结合的那些离子——气体将再次变为电中性气体。我们把这个过程称为复合。

在早期宇宙，整个宇宙就像实验室容器，电子和原子核在占据空间的高温等离子体中飞快地旋转。随着宇宙膨胀持续到数万年后，温度终于降到足以让电子和离子开始附着并形成中性原子的程度。而且，尽管这些粒子都是第一次结合并参与重组，科学家们仍然用其实验室名称来称呼这个过程——复合。

空间的环境温度决定了哪些粒子首先复合，而温度又由宇宙的大小决定。在大爆炸核合成之后，宇宙中1/4的重子以氦核的形式存在；它们各有两个质子，因此它们需要两个电子来生成中性氦原子。当宇宙的年龄达到约3万年时，一个电子可以与氦核重新结合，另一个电子可以在大约12万年后与那些单电子的氦离子重新结合。

宇宙大爆炸后25万年，单个电子开始与单个质子结合，形成中性氢原子，这需要更长的时间，但到了大爆炸后约38万年，宇宙间的复合过程差不多就要完成了；如今，宇宙中几乎所有的物质都以原子的形式存在。

在宇宙时间的这个阶段，宇宙的红移（用字母 z 表示）按照一个简单的数学公式对应于以年为单位的时间。用红移来表示时间的流逝，氦的第一次复合开始于大约 $z=6000$ 时，当时可观察到的宇宙是目前直径的 1/6000；氦的第二次复合开始于 $z=2000$ 左右；而氢复合的结束发生在 $z=1100$ 左右。

人物小传

20世纪60年代末，由**吉姆·皮布尔斯**（生于1935年）和**雅科夫·泽尔多维奇**（1914—1987）领导的两个科学家小组计算了早期宇宙中氢的复合历程。这两个小组各自独立推断出，复合并不是一蹴而就的，而是经过了一系列漫长的步骤，耗时数千年。

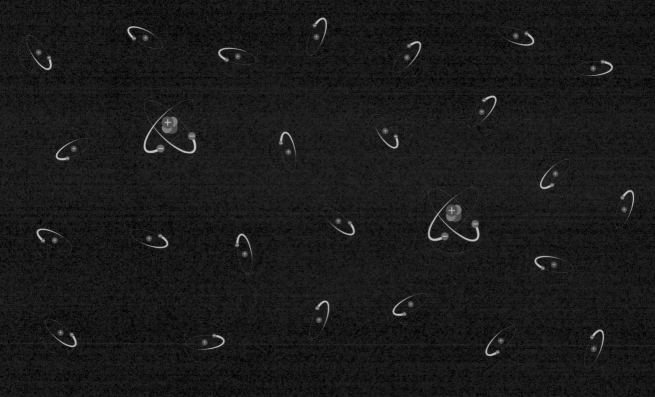

在亚原子海洋中，α粒子首先与一个电子复合，随后又与第二个电子复合，
形成中性氦原子。

当复合完成后，氢原子与氦原子的
数量比为12∶1。

退耦

物质和能量分道扬镳，各自在空间移动，互不拖累，使光线得以照耀。

从游泳池的一端游到另一端，为什么会比在岸边步行同样的距离要花更多的力气？答案很简单：当你在水中行动时，水会拖住你的身体。幸运的是，你比水分子大得多，所以纵使有阻力，你也可以从这端游到另一端。那么，如果你和那些分子一样大会怎么样？想象一下，你从体育馆的一侧跑到另一侧，但场馆内从地板到天花板都布满了大的、沾满胶水的沙滩球。不用说，你可能走不了多远。

这就是光在早期宇宙中所面临的窘境。试图穿越太空的光子必须穿透密集的电子、原子核和其他粒子群。在某些情况下，光子会与一个粒子相撞，获得或失去能量，并向另一个方向反弹；此外，光子也有可能被一个离子或原子完全吸收，也许会以不同的波长或运动方向重新发射，但最终并没有真正前进。

宇宙的膨胀再一次改变了这种状态。当光和物质粒子都挤在一起，而且温度大致相同时，它们彼此会形成阻力，不能独立运动。然而，随着宇宙体积的增加，平均温度下降，粒子之间的空间增大。宇宙在大爆炸后38万年达到了一个临界点；光子和重子失去了热平衡，光可以流经质子和中子了。天文学家把这一事件称为"光子退耦"。用我们的体育馆来比喻，场馆已经膨胀得相当大了，沙滩球之间有足够的空间，你在穿行时不会被卡住。

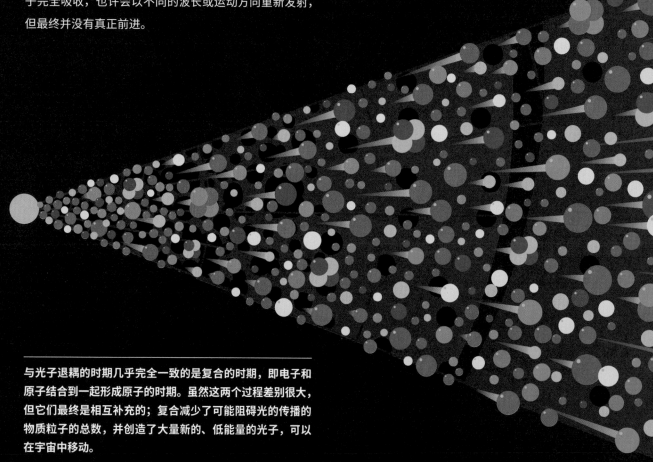

与光子退耦的时期几乎完全一致的是复合的时期，即电子和原子结合到一起形成原子的时期。虽然这两个过程差别很大，但它们最终是相互补充的；复合减少了可能阻碍光的传播的物质粒子的总数，并创造了大量新的、低能量的光子，可以在宇宙中移动。

当一个电子与一个原子核复合时，它一开始就带有大量的能量。它通过一系列的步骤释放能量，随着原子的形成，它与原子核的结合越来越紧密。电子的每一步下降都会释放出一个光子；由于复合发生时恰好退耦也发生了，这些光子流入并占据了空间，加入了很久以前就已经存在但在那之前无法自由飞行的光子。自退耦以来，宇宙中的物质粒子与光粒子的比例一直保持到今天，即每十亿个光子中只有不到一个原子。

35万年

宇宙背景辐射

宇宙中最古老的光，这种几乎完美的能量分布是早期宇宙最后存留的可观测遗迹。

在大爆炸后38万年，光子完成了与物质的退耦，光在宇宙空间中自由流动。事实上，它充满了整个空间，空间的平均温度略高于3000开尔文（约3300℃/5900℉），这比典型的白炽灯泡内的灯丝要热一些，白炽灯泡点亮后会发出橙红色的光芒。如果我们在周围看到它，当时的宇宙在每个方向都会有令人难以忍受的亮度和温度。

然而，宇宙的膨胀再次改变了它内部的条件。它越大，就越冷。与此同时，背景光的波长随着宇宙学红移而拉伸。这需要时间，但经过数百万年后，温度下降到冰点以下，而后降得更低，而背景中的可见光拉伸成红外光，然后又拉伸成微波辐射。今天，在宇宙大爆炸之后的138亿年里，每个光子的波长都增加了1000多倍；如今，太阳远远超过了那些原始微波，而在老式的模拟电视上，这些微波几乎检测不到来自宇宙之初的微弱静电。

然而，宇宙微波背景辐射仍然充满了宇宙，它代表了我们人类能够探测到的最古老的光。这种辐射使深空不至于冷到绝对零度；现在，它的温度略低于3开尔文（−270℉/−455℉）。而当天文学家发现背景辐射的存在时，也证明了大爆炸宇宙学理论是正确的。

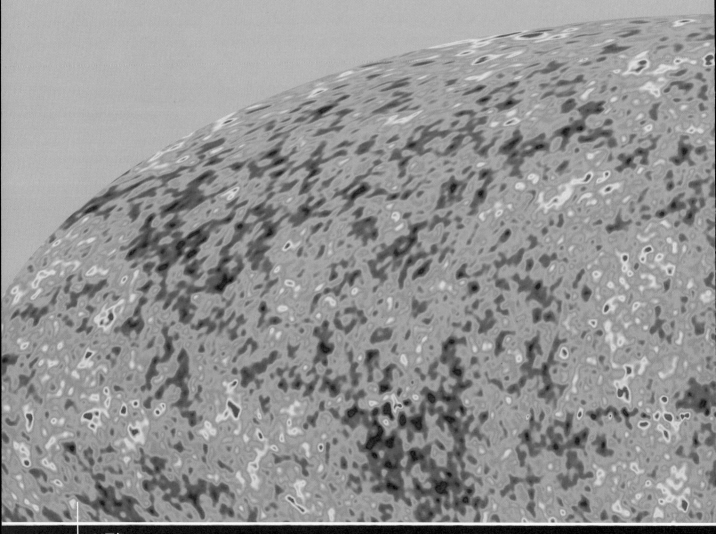

宇宙微波背景是不透明的宇宙和透明的宇宙之间的界限。在光子退耦之前，站在太空中就像站在发光的浓雾中。如果雾气突然散去，来自宇宙中非常遥远的地方的雾状辉光需要假以时日才能到达我们这里；光的传播速度很快，但不是无限快。所以观察背景很像看一朵云，它有着光线无法穿透的表面，但这个表面并不是物理屏障。相反，它是云周围的边界，传入的光线在那里被散射开来并反射到我们的眼睛。

人物小传

1964年，美国天文学家**罗伯特·威尔逊**（生于1936年）和**阿诺·彭齐亚斯**（生于1933年）使用了高灵敏度的微波天线作为望远镜，探测来自星际物体的微波辐射。令他们惊讶的是，他们发现了一个来自太空各个方向的普遍的背景信号。他们咨询了他们的同事**罗伯特·迪克**（1916—1997）、**吉姆·皮布尔斯**（生于1935年）、**彼得·罗尔**（生于1935年）和大卫·威尔金森（1935—2002），然后这两个小组宣布了这个发现和他们对这个信号的解释，即宇宙微波背景辐射和大爆炸的直接证据。

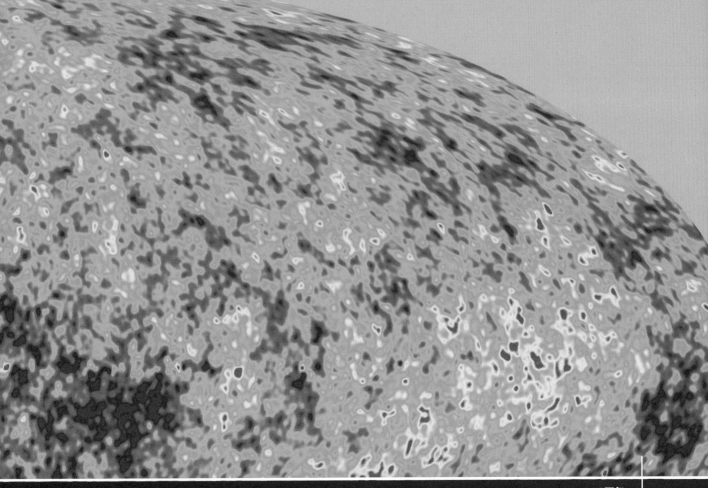

宇宙结构的起源

宇宙背景辐射遍及整个空间。

当背景在光子退耦后刚刚形成时，宇宙中的所有物质都以极热的电离气态存在。如果气体热度均匀且完全混合，宇宙可能会无限期地保持这种状态，从而形成呈云状的不断膨胀的宇宙。

相反，气体是稍微有点结块的，就像一杯搅拌均匀的热可可，偶尔会有少许巧克力的斑状物。通过研究宇宙微波背景中的冷热斑块的分布，天文学家发现38万年前宇宙气体中存在着微小的密度变化。这些变化确实很微小；想象一下，一块大小相当于巴黎的纯净光滑的冰片，上面只散落着几粒沙子。

事实证明，这些不起眼的物质和能量的过剩，足以引发空间内容在余下时间里的巨大转变。当退耦将光从物质的拖曳作用中解放出来时，它同时将物质从光的破坏性控制中解放出来。与没有质量的光不同，物质创造了引力。就粒子而言，引力是迄今为止四种基本力中最弱的一种；因此，当光子支配着重子的运动时，引力的影响基本上是不明显的。一旦与光分离，引力就开始支配大质量粒子的运动。物质远离密度小的地方，向密度大的区域流动。几十亿年来，随着宇宙的不断膨胀，物质在整个空间中形成了巨大的引力网络，将物质组织成线状、片状和空洞状。今天，虽然宇宙背景以微波辐射的形式呈现，但空间却渗透着大尺度的结构，并充满了气体、星系、恒星、行星、人和更多的东西。

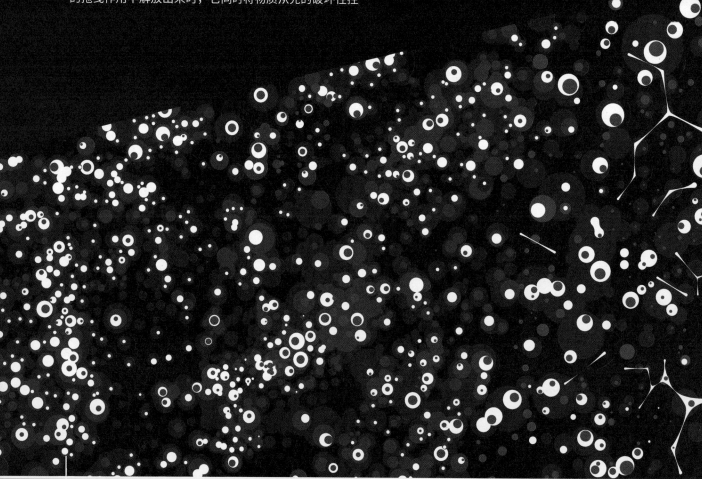

类似斯隆数字巡天项目所做的观测，下图为艺术家的印象图，显示了星系如何在空间中不均匀地分布，形成巨大的网和线状物，并被空隙包围。天文学家使用超级计算机计算数十亿年来的引力作用，模拟出"宇宙网"的大尺度结构是如何从宇宙微波背景辐射的不均匀性所显示的微小型各向异性中产生的。

原始气体中的高能量和低能量的原始碰撞或各向异性是如何形成的？它们可能是大爆炸发生时产生的极其微小的量子涨落的结果，并在普朗克时间之后被保留下来，然后被宇宙的膨胀放大并永久地印在背景辐射上。重子声学振荡也在等离子体中产生了涟漪，当这些振荡被冻结时，导致出现了密度较高和较低的区域。

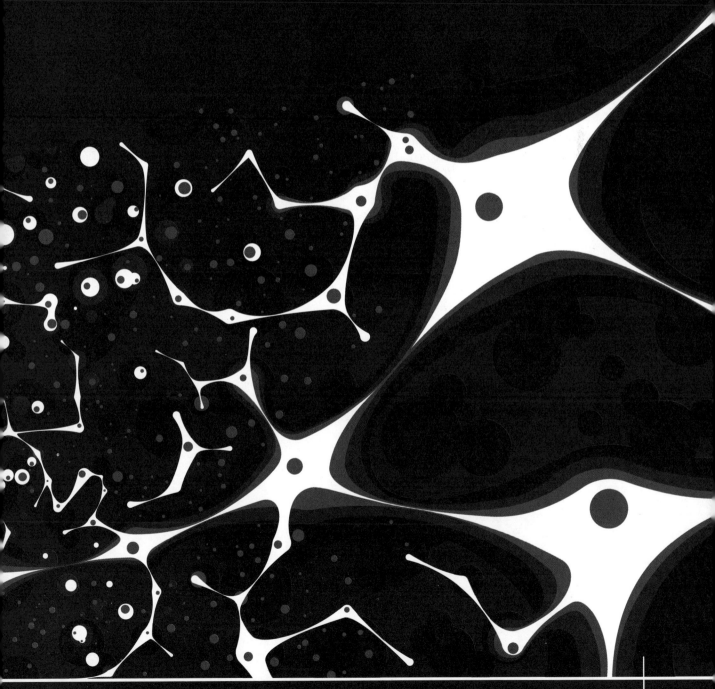

1亿年

4

大爆炸后
4亿年

当能量辐射到宇宙时，空间被照亮了

光已从物质中解脱出来，物质也从光中解脱出来。

宇宙大爆炸后40万年，光子终于有可能进行长途飞行而不被大量的电子散射，这些电子在复合前曾在宇宙中自由飞行。

与此同时，宇宙继续膨胀。一亿年后，宇宙的直径增加了近50倍，宇宙背景辐射无处不在。

然而，宇宙是黑暗的。如果此刻我们人类身处其间，无论从哪个方向都看不到任何东西。

有几种效应共同造成了黑暗。首先，随着空间体积的增加，空间的温度也会同步下降。在复合发生时，宇宙平均温度超过3000℃（5400°F），比烧旺的高炉还要热。现在，它的温度是–200℃（–328°F）。因此，所有的宇宙背景都是红外辐射，由于其波长过长，我们的眼睛无法观测到。

至于波长较短的辐射，如可见光，复合构成了另一种障碍。当电子与大爆炸核合成的产物（质子、氘核、氦核等）结合时，它们会形成中性原子，可以吸收和散射撞击它们的高能光子。举个例子，在起雾的夜间，如果你打开手电筒，它发出的光会在雾中划出一条路，你可以看到光束，但它只走了很短的距离，似乎很快就被黑暗吞噬了。中性原子——主要是氢——分布得很远，但宇宙是广阔无垠的，所以每个可见的光子在穿越空间时只走了一小段距离，就会碰到足够多的中性原子，使光子在其轨道上停止运行。

幸运的是，对所有受阻的光来说，"帮手"就要到了。物质和能量的退耦开启了新过程：物质在运动中不再与光相连，现在可以单独在引力的影响下运动。这个过程虽缓慢，却是不可阻挡的。渐渐地，气体聚集成云，经压缩和受热，直到它们产生明亮的光源，恒星诞生了！它们的大部分能量是以强大的紫外线辐射的形式散射出来的；当这些光子撞到中性原子时，它们不会被吸收，而是将原子分裂成电子和原子核。

宇宙中的首批恒星很快就开始产生另一种更加奇特的物体——黑洞，诞生于质量最大的恒星的心脏部位，具有非常强大的引力，甚至连光都无法从其表面逃脱。然而，落在黑洞表面上的物质会达到极高的运转速度和温度，发出明亮的紫外线、X射线和伽马射线，发射出强烈的带电粒子束，进一步刺穿雾霾。

宇宙大爆炸后4亿年，恒星和黑洞已经完成了它们的工作，烧掉了雾气。在这个时候，如果有光产生，它就有很大的概率传播到太空中。也许几十亿年后，那道光可能会抵达一颗行星的表面，并被人们看到。这束光与成千上万的其他恒星的光一起被引力吸至第一批星系中，作为凝视夜空的眼睛上的那抹最微妙的光斑。

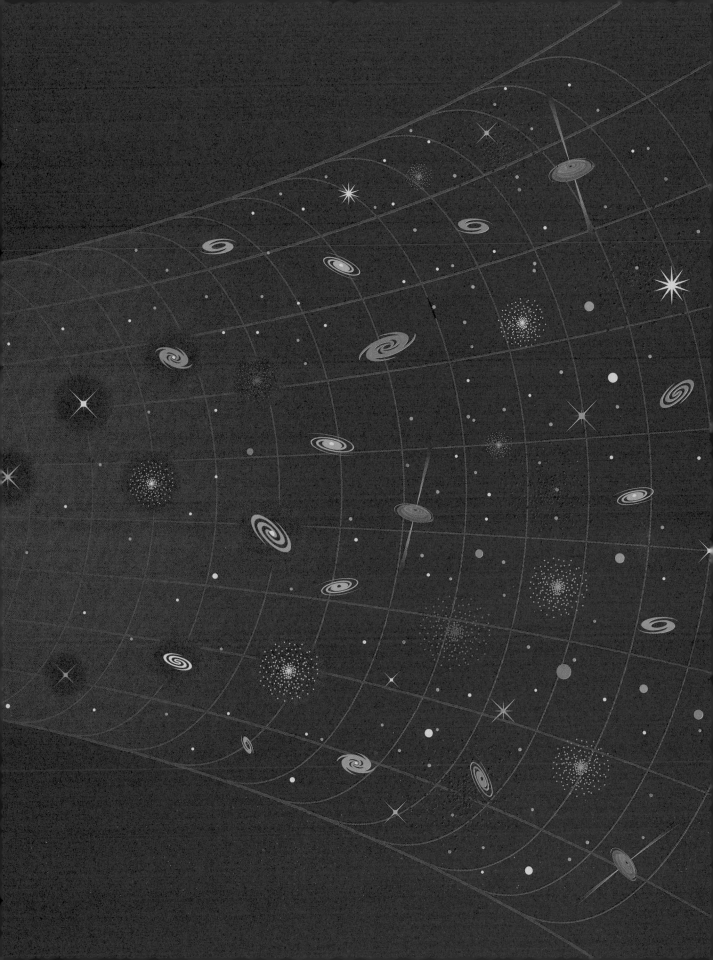

第一批恒星

几乎就在复合之后，大约是大爆炸后40万年，引力对物质的影响开始发挥作用。

反过来也是如此，实际上是物质的聚集导致了引力的存在，引力将空间向内拉伸，创造出相当于不断拉动的力的效果。在整个空间中，只要有什么地方的物质比周围环境中的物质多一丁点儿，就会有更多的物质聚集在这里，先是形成微小的团块，然后变成越来越大的云团。

在早期宇宙，几乎所有存在的质量都由氢原子和氦原子组成。随着这些云团变得越来越大，越来越多的稀疏气体被吸引并进入其中，云团开始因自身的引力而逐渐坍缩。一层又一层的气体从云的外部落入云的核心：就像自行车轮胎在充气后会变热一样，云层的温度也随着内部压力的增加而急剧上升。

在临界点上，其中一些巨大的、坍缩的气体云的核心温度超过了1000万摄氏度，压力超过了汽车轮胎的10亿倍。这些情况以前存在过，就在大爆炸后的几分钟内，还记得当时发生了什么吗？核合成过程中质子聚集在一起，形成了氘核、氦−3和氦−4（α）粒子。

当这个过程在气态核心中开始时，能量从核心中涌出。过程中会产生稳定的压力，阻止了云的坍缩，并向外推动着周围的气体。不过，这团云不是一个封闭的容器；想象一下，这就像试图给表面上满是小孔的气球充气。因此，只要能量不断地从核心涌出来，气体就会保持平衡，成为大致的球形，而热量和光则从球形的各个方向流出。宇宙中的第一批恒星就这样诞生了。

当四个氢核（质子）融合时，所产生的单个氦−4核的质量只有原来质子的99.3%。剩下的0.7%的质量按照爱因斯坦的著名公式$E=mc^2$转化为能量。这个效率可能看起来很小，但实际上，它比我们在地球上使用的任何一种燃料都强大得多。人类每年在世界范围内生产的能源——主要通过燃烧数十亿吨的石油、煤炭和天然气产生——都可以通过将一个装满海水的热水池转化为能量而产生。

流体静力平衡是一个术语，用于描述在将其内部物质向内拉的重力和将该物质向外推的压力之间具有平衡性的物体。这些物质可以是气体、液体、固体，甚至是它们的混合物。在宇宙中，处于流体静力平衡状态的物体包括恒星、行星，甚至大型卫星和小行星；它们总是呈现大致的圆形，并且中间的密度比表面的密度大。

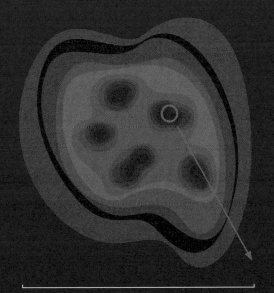

发生在第一批恒星中的特殊的核合成过程被称为质子－质子链反应，之所以这样命名，是因为质子经过一连串步骤的相互作用，产生了氦核。较小的粒子融合在一起，形成了质量更大的粒子；因此这个过程也被称为核聚变。

1天文单位（AU）＝150 000 000千米

20万天文单位

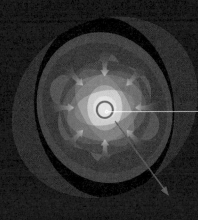

越来越多的坠落物质提高了恒星核心的温度和压力

1万天文单位

引力导致增加的物质盘落到中心，在那里开始核聚变

核聚变为物质和能量的喷射提供动力，从中心向外垂直射出

500天文单位

2亿年

第一批黑洞

宇宙中最早的一批恒星辉煌而庞大，它们的质量是太阳的几十甚至几百倍。

这批恒星中质量最大的恒星所发出的光芒比太阳亮数百万倍。但是，这种巨大的光亮是有代价的：恒星心脏部位的核聚变产生了这种亮度，其反应速度如此之快，以致这些恒星在极短的时间内就耗尽了它们的原材料——融合成氦的质子。

最多在几百万年内，氢的含量不足且被过多的核合成副产物阻塞，这样的恒星核心的条件不能再维持足够的核聚变，以维持其向外施加的压力和稳定的内向引力之间的微妙平衡。在关键时刻，核心坍缩，在宇宙中产生了一种新物体，其引力非常强大，一旦进入它的边界，甚至连光都无法逃脱，这就是黑洞。

从外部看，黑洞就像宇宙中的其他致密天体那样，对其周围环境施加引力。与流行的误解相反，它们并不是宇宙真空吸尘器；换句话说，它们不会比其他相同质量的物体（如恒星或行星）更有力地"吸"物质。相反，它们是如此紧凑，以至于外部物质可以比任何其他类型的物体更接近黑洞的中心而不进入其内部。当它到达黑洞的"表面"，即被称为事件视界的门槛时，任何坠落其中的物质都将达到光速，这是宇宙中任何物体运动速度的极限。一旦有东西落入黑洞，它就不会再出来了。

人物小传

1783年，英国科学家和牧师**约翰·米歇尔**（1724—1793）是第一个计算出具有如此强大引力的物体的参数的人，他发现光无法从其表面逃脱。他提出，这样的"暗星"在宇宙中可能有很多。他的结论在1795年得到了法国天文学家和数学家**皮埃尔·西蒙·拉普拉斯**（1749—1827）的响应。然而，关于黑洞的科学研究就此停止，过了一个多世纪都没有重启研究。"黑洞"一词可能是在20世纪60年代由美国物理学家**约翰·阿奇博尔德·惠勒**（1911—2008）首次在科学会议中使用的，最早的书面记录则见于美国科学记者安·尤因在1964年写的一篇文章。

英国数学物理学家**罗杰·彭罗斯**（Roger Penrose）（生于1931年）以一些有史以来最具创造性的思维而闻名，这些思维被应用于抽象数学在物理宇宙中的呈现方式。1965年，彭罗斯还是伦敦大学伯贝克学院的一名讲师，他发表了一篇文章，解释了阿尔伯特·爱因斯坦的广义相对论的一个结果是，一个巨大的恒星核心的引力坍缩会在空间形成一个"奇点"。他那令人眼花缭乱的美妙的数学分析奠定了黑洞的理论基础，并为他赢得了2020年的诺贝尔物理学奖。

宇宙的第一代巨型恒星演变成超巨星，然后发生超新星爆炸，留下一个完全坍缩的核心：一个黑洞，密度大到连光都无法逃脱其引力。

阶段1：巨型恒星

阶段2：超巨星

阶段3：Ⅱ型超新星

阶段4：黑洞

3亿年

宇宙中的黑洞

黑洞相较于宇宙固然是微不足道的，但它们的引力异常强大。

黑洞的外部边界——所谓"表面"，一旦登陆就无法逃脱——被称为事件视界。如果我们的地球突然变成一个黑洞，那么事件视界就会有一个高尔夫球那么大。

当一个真正的高尔夫球被打到空中时，它以每秒30～40米的速度落在绿地上。但是，如果球被打到峡谷的边缘，当它坠到谷底时，它的速度会快很多。那么，一个高尔夫球一直在地球变成的黑洞上坠落，会发生什么？它将加速，越来越快，并以光速落在事件视界上，速度达到惊人的299 792 458米/秒。高尔夫球将从质量转化为能量，产生比1945年在日本广岛上空引爆的原子弹还要强大100倍的爆炸威力。但所有这些能量都将被黑洞吸收，所有观看的人都看不到。

不过，从现实的角度看，高尔夫球在这个过程中幸存下来的可能性相当小。如果黑洞周围有气态物质，就像覆盖在地球表面的大气层那样，高尔夫球几乎会被它所经历的摩擦而过度受热，并在到达事件视界之前就会被蒸发成原子。剩余的热量会使气体变得更热，最终导致它发出辐射；这对宇宙来说多少有些讽刺，宇宙中最黑暗的物体周围的环境往往会比最热的恒星更明亮。

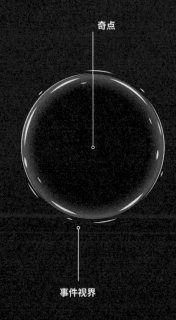

奇点

事件视界

当一个装满水的浴缸在排水时，水不可能一下子全部进入管道，而是慢慢地流向排水管，形成一个漩涡状的圆盘，逐渐进入管道。当物质落入黑洞时，也会发生同样的情况；最终的目的地是如此之小，以至于物质堆积在一个漩涡状的吸积盘中，等待着轮到自己到达黑洞的表面。吸积盘变得相当炽热，达到几百万甚至几十亿度的温度，以至于大部分物质永远不会到达那里；相反，超级能量化的物质垂直于吸积盘向外喷射，用强大的辐射轰击其路径上的一切。

对页右上图片展示了距离我们最近的一个黑洞及其周围的环境情况。黑洞的质量是太阳的60多亿倍，距离地球5300万光年，黑洞隐藏在被橙色光芒包围的黑点后面，直径约为其1/3。一个由数百名科学家组成的国际团队利用事件视界望远镜——遍布全球的天文观测站网络——收集了来自黑洞及其周围天体发射的无线电波。然后，所有单独的局部图片被美国计算机科学家凯蒂·布曼（生于1989年）用科学的方法合成为一张最终图像。

黑洞在事件视界内是什么样子的？根据理论模型，黑洞的中心应该有一个奇点，这是一个体积无限小（几近于0）、密度无限大的点，就像空间结构中的一个针尖。在奇点和事件视界之间的所有体积中，可能有更细致的结构，但从我们在事件视界外的便于观测的位置来看，我们无法看到或探测到其中的任何东西。

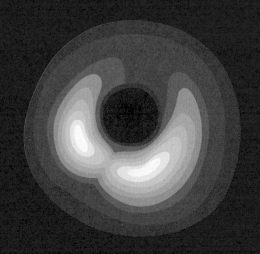

用事件视界望远镜观察超大质量黑洞周围的区域

具有吸积盘和喷流的活动星系核

超大质量黑洞区域模型的侧视图

第一批星系

随着物质在引力的影响下不断聚集，宇宙中的一种不可见而含量丰富的成分产生了巨大的影响。

在整个宇宙中物质与能量退耦后的几亿年里，构成地球上所有我们熟悉的物质的质子、中子、电子与引力、电磁力、核力相互作用，形成了恒星和黑洞。科学家将这种物质称为"重子物质"。大约在这个时候，另一种物质也开始显现其存在。

我们仍然不知道这另一种类型的物质是由哪种粒子组成的。但是，就我们目前所知道的，也足够让人吃惊。宇宙中每千克重子物质就有超过5千克的这种其他物质，但它是完全黑暗的。它不像黑洞那样黑暗，黑洞的光被困于它的事件视界内；相反，这种宇宙暗物质似乎只与引力相互作用，所以无论它在哪里，它都不会发出任何形式的光或辐射。

那么它在哪里呢？暗物质一开始与重子物质一样，几乎均匀地分布在整个宇宙中。一旦摆脱了被光拖拽的状态，暗物质也开始聚集成结构；不过，在没有电磁力和核力的影响下，这个过程要慢得多，也温和得多。因此，在数亿年的过程中，暗物质形成了数千光年宽的稀疏聚集体，而与暗物质混合的重子物质则聚集在一起形成气体云，其中一些会形成恒星，还有一些会进一步形成黑洞。

在大爆炸后5亿年，发光的重子物质集中在一起，落入这些结构的中心，被暗物质的光环包裹着。随着时间的推移，随着自然的力量对它们及其组成部分的作用，它们的形状和大小将进一步演变，从不规则的条纹到矮小的椭圆体和大螺旋盘，创造出各种各样的形态。第一批星系就这样诞生了。

宇宙中最早形成的星系是如此微弱和遥远，即使用我们功能最强大的望远镜来观察，这些星系看起来也只是模糊的小块（见对页图示）。而包括詹姆斯·韦布太空望远镜在内的新型天文台，将运用先进的红外技术，让我们能够以一种新视角来看待这些星系。

平均而言，与我们地球大小相当的空间体积将包含大约十亿分之一克的暗物质。然而，在宇宙学的大小和距离上，这种微小的密度足以将星系拉在一起，并形成宇宙的大尺度结构。

人物小传

20世纪30年代，瑞士裔美国天文学家**弗里茨·兹威基**（1898—1974）首次注意到暗物质的存在，当时他观测到一个大星系团中的星系的移动速度比它们应有的速度要快。40年后，美国天文学家**维拉·鲁宾**（1928—2016）发现星系外部区域的运动也比预期的要快得多。鲁宾表明，这些运动可以用大量看不见的物质的存在来解释。

5亿年

再电离

强大的电磁辐射已经渗透到宇宙中，使光能够照耀整个宇宙。

原子是由带负电的电子和带正电的原子结合而成的复合粒子，它有一个显著的特性，即能够吸收照射到它们的光，然后再次发射出不同颜色的这种光。任何一种原子所能吸收或发射的光的确切颜色和波长由其量子力学特性决定；不过，如果在光源和你的眼睛之间的视线中有足够多的原子，就会有大片的颜色斑块，你根本无法看到这些光。

这正是宇宙在复合期后发生的情况。由于在大爆炸40万年后的同一时间发生的退耦，光与物质没有联系，但即使空间中的原子密度很低，原子的数量也非常多，来自任何光源的大部分光被熄灭只是时间问题。当然，它可以穿越数千甚至数百万光年，但当第一批恒星形成并发光的时候，宇宙的可观测范围已经跨越1亿光年，而且还在快速增长。

使空间再次对可见光透明的方法是再次将电子从原子核中分离出来。当被称为离子的带电原子核被剥夺了电子时，它们也被剥夺了吸收光的能力；而现在宇宙空间的温度和密度比复组前要低得多，光在移动时几乎不会被自由飘浮的电子散射。因此，宇宙曾经因其致密性和高温而经历了电离，在复合期变成了中性，现在必须再度经历电离。

再电离比复合需要的时间长得多，因为在宇宙历史的那个时期，电离辐射的来源很少。不过，最终它还是发生了。数亿年来，大质量的恒星向太空辐射了大量的紫外线，撞击中性原子并将其分解。与此同时，黑洞将坠落物质的能量转化为紫外线、X射线和伽马射线，并将磁力盘绕的物质和光的喷流以强大的光束远远送入宇宙。宇宙大爆炸后约5.5亿年，超过99.9%的空间体积已被电离。剩余的中性气体已经聚集成星系大小或更小的云团——其大小和数量都不足以阻挡人们的视线。现在，在整个可观测的宇宙范围内，我们可以看到来自宇宙的奇迹。

质量远远超过带电离子和电子的暗物质会影响太空的透明度吗？不会的。尽管暗物质可以扭曲光线经过的空间，从而改变光线的传播方向，但它不会阻挡光线穿过它——事实上，它根本不会与光线相互作用。

6亿年

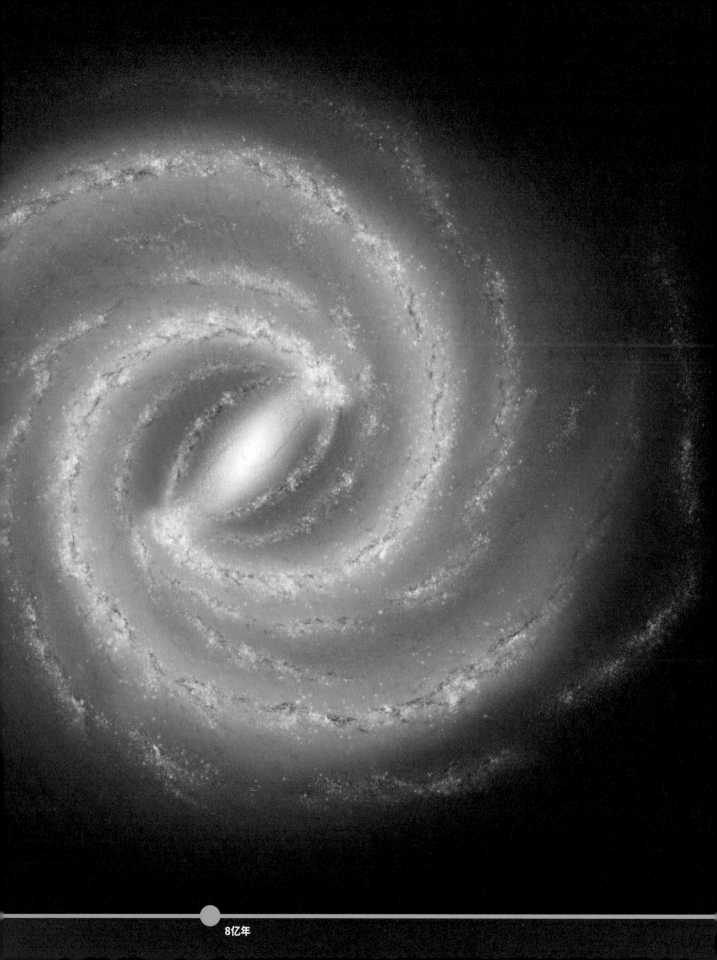

8亿年

5

大爆炸后 40亿年

星系诞生

如果黑洞是引力的殿堂，那么星系就是引力的游乐场。

在引力的影响下，数十亿个太阳质量的物质流向宇宙空间的一个共同位置。如果不受外界控制，它们会一并坠落，形成一个黑洞；当其他物理过程阻止这一发展时，它们就会形成一个美丽而动态的物质集合，被宇宙暗物质所包围并渐趋稳定。

星系是逐渐形成的，但这个过程可以是平滑的，也可以是成块进行的。超级计算机模拟显示，如果一个星系的大部分物质缓缓地流向一起——每年可能有几百或几千个太阳质量，经过数亿年之后，被称为角动量守恒的物理特性将导致形成一个有序的、围绕中心隆起的旋转圆盘。圆盘中的物质的旋转阻止其进一步落入星系隆起中，就像沙滩玩具水桶中的水如果以足够的速度旋转就不会倒出来一样。在圆盘内，轨道上的物质通过摩擦和引力进一步相互作用，产生了我们在圆盘星系中看到的美丽的旋转木马式的变化，因为在几千年的时间里，大部分球形的隆起物变成了细长的条状，然后再度隆起；旋臂形成、消散、缠绕和松开；数十亿的恒星经历着诞生、存活、繁殖和死亡的过程。

当一个星系一下子吸积了大块物质——也许只是一个较小的原星系，它在引力上相对独立，但尚未完全形成——其结果可能是戏剧性的。突然增加的这么多的新物质扰乱了圆盘的有序状态，因为引力潮撕裂了其系统，产生了弯曲状、回环状和尾巴状等不同形态特征。星系膨胀成一个橄榄球状的恒星集合体，在随机的方向上移动，就像嗡嗡作响的宇宙蜂群，试图重新获得方位。如果长时间不受干扰，这个新的椭圆星系就会恢复成圆盘，但是，如果它一直被大星团撞击，它将无限期地保持其椭圆结构。

那么，那些在这个宇宙时代无处不在的类星体产生的超大质量黑洞呢？我们利用技术测量过的宇宙中的每一个大星系的中心，都包含一个超大质量的黑洞，尽管其中只有少数黑洞在活跃地吸积物质，成为被称为类星体的引力驱动的超级引擎。因此，我们很容易想象，黑洞就像引力种子，物质在其周围聚集并形成星系。然而，也有研究表明，星系在没有中心黑洞的情况下也能很好地形成，而且目前还没有发现不处于母星系中的超大质量黑洞。那么，星系是鸡还是蛋，黑洞是鸡蛋还是蛋黄？这是当今天文学领域的一个未解之谜。

星系形成

宇宙的结构是分层次形成的。

换句话说，小东西在大东西里面形成，而那些大东西还在形成中，同时还有更大的东西在慢慢形成，包含着大东西。当引力将星系的组成部分拉向一个中心点时，恒星已经在重子和暗物质的次星系团块中形成。

这些亚星系的团块通常是足够强大的结构，可以被称为矮星系。在它们开始连接在一起之前，通常已经包含了数以百万计的气体和灰尘。那些最初的大型星系看起来就像链条、虫子甚至宇宙"蝌蚪"。不过，像所有星系一样，它们几乎完全被引力而不是其他东西束缚在一起；因此，与其说这些星系是固态物体，倒不如说它们的不同组成部分仍在移动，不断改变位置和形状，只是发生得太慢，我们无法注意到。

假设有足够多的物质聚集在一起，形成一个大而美的星系。把这个星系放在一起需要多长时间？尽管收集的物质可能以超过每小时 100 万千米的速度向一个共同的中心坠落，但它需要坠落 100 兆千米（甚至更长）才能到达旋涡的中央。因此，形成一个星系需要数十亿年的时间，而在这段时间里，星系中较小的、不断下沉的碎片也会发生演变，因为气体云、恒星和星团在其中形成并相互作用。

天文学家观察到的最古老的星系大约是在大爆炸后 10 亿年形成的。为了让我们看到它们年轻时的样子，它们必须相隔遥远，以至于来自它们的光线必须传播近 130 亿年。这种现象被称为"回望时间"，适用于观测宇宙中任何遥远的物体，为我们更直观地展现宇宙的历史——尽管我们不禁要问：现在那边发生了什么事？我们不会知道。直到这些遥远的星系所发出的光到达我们身边，在那遥远的未来。

被称为 Kiso 5639 的蝌蚪状矮星系或许能作为一个例子，说明许多星系在其形成的早期历史中是什么样的。天文技术的局限性——例如，由哈勃太空望远镜拍摄的这张深场图像（左下图），使得 Kiso 5639 的遥远对应物看起来像是古怪的生物。

Kiso 5639

哈勃超深场图像所显示的太空区域仅为满月大小的 1%。经过哈勃太空望远镜超过 600 小时的图像拍摄和数据收集，揭示出这一微小区域大约存在 10 000 个星系，其中包括许多正处于形成过程中的星系。

12亿年

类星体的时代

随着星系的形成，其中的黑洞在数量和质量上都开始增长。

质量最大的黑洞落到了星系的中心；而在那些气体和恒星也能落到中心的星系中，它们在中心黑洞的事件视界周围堆积起来，就像洪水进入暴雨排水沟一样。一些物质落入黑洞，使它变得更大；剩下的物质聚集起来，被强大的电磁场增压，过热到数十亿度，在全部落入黑洞之前就被轰出了中心区域。物质以接近光速的速度被巨大的、像喷泉一样的喷流卷走，整个区域闪耀着巨大的能量。

如果物质流入一个星系中心黑洞的速度超过每年一个太阳质量（大约每小时40个地球质量），所释放的能量非常强大，轻易地超过其星系中所有恒星的总和，不仅是可见光，还包括从无线电波到伽马射线在内的各种电磁辐射。第一批像这样的由黑洞提供动力的天体，是研究人员在20世纪50年代末使用射电望远镜发现的；如果通过光学望远镜观测它们，看起来就像单个恒星。它们被称为"准恒星射电源"，简称类星体。经过几十年的研究，天文学家才确认类星体的心脏部位是黑洞，而且是超大质量的黑洞，其质量是我们整个太阳系的数百万到数十亿倍。

与遥远的过去相比，今天宇宙中的类星体相对较少，这意味着当时超大质量黑洞迅速增长的条件比现在要好得多。由于其明亮的亮度和紧凑的尺寸，类星体就像灯塔一样，在宇宙中标记出遥远的距离。当类星体的光照过透明的星系之间的气体云时，天文学家可以在类星体的光谱中观察到这些云的标记，揭示出我们无法看到的重子物质。

天文测量显示，类星体在大爆炸后约20亿至30亿年的时间里数量最多。在宇宙历史的那个时期，星系正在快速形成，大量自由浮动的氢气可以落入星系的中心，这可能有助于推动类星体的活动。

像3C 273这样的类星体是由其超大质量的中心黑洞驱动的引力引擎。落入类星体的很大一部分质量被转化为能量，并被发射到太空中，而不会消失在黑洞的事件视界之外，这使得它们甚至比恒星内部的核聚变引擎还要强大。

类星体是活动星系核（AGN）的一种，AGN之所以这样命名，并不是因为核合成或核聚变，而是因为它们含有位于星系中心（核）的超大质量黑洞。类星体是AGN中最明亮的一种天体，当其巨大的能量与宿主星系中围绕它们的气体相互作用时，就会产生大量的无线电波。对页图片显示的是用射电望远镜观察到的武仙座A，是这种现象的一个颇具戏剧性的例子，它产生的喷流远远超出了其宿主星系的可见范围。

> **人物小传**
>
> 荷兰裔美国天文学家**马尔滕·施密特**（1929—2022）是第一个测量地球与类星体3C 273之间距离的人，据其观测，该距离超过20亿光年。这意味着该类星体并不是一颗恒星。几十年后，天文学家证实了3C 273是一个超大质量黑洞系统，它如此明亮，以至于淹没了其宿主星系的光芒。

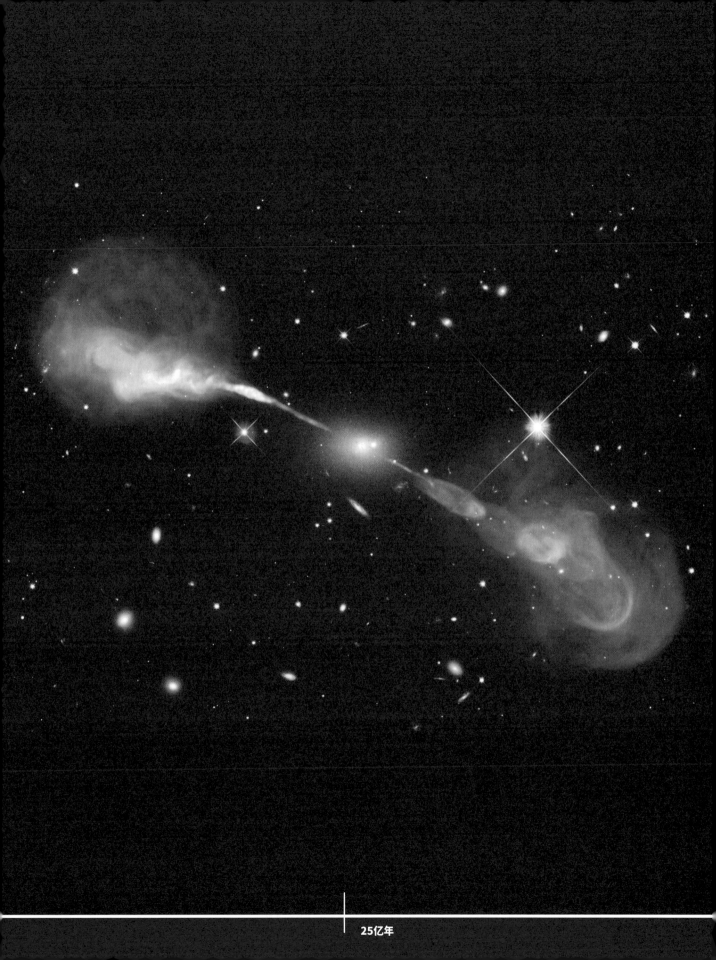

25亿年

恒星形成的峰值

由于落入星系的气体为星系核心的强大类星体活动提供了动力，它也为恒星的形成提供了燃料。

独自存在的时候，星际气体云很少会自行坍缩；另外，如果它受到另一团气体云的撞击，或是受到类星体的冲击波的冲击，这种能量的注入就会引发恒星诞生的连锁反应，因为一颗新恒星的辐射和带电粒子风会诱发另一颗恒星的形成，然后是另一个。

大爆炸后约30亿年，宇宙中由气体诞生新恒星的速度达到了顶峰。星系也在演化，因为引力和自转共同作用，将它们的恒星组织成两种基本构型。如果星系的物质在快速旋转，它的恒星就会沉淀成一个圆盘，偶尔会产生一个臂状的螺旋波绕着它的中心运行。如果旋转不足，恒星就会进一步向中心坠落，形成一个圆球状或橄榄球状的恒星隆起，以几乎随机的方向围绕和穿过星系核心，就像大黄蜂围着蜂巢那样。组合也会发生，导致透镜状的透镜星系和不规则系统要么太小而无法形成明确的结构，要么因最近的相互作用或碰撞而仍然不稳定。

在几十亿年的时间里，大多数星系都已聚集成群，从邻域大小的星系群到巨大的星系团。最大的星系团很像人类的大都市——既有人口密集的市区，也有人烟稀少的郊区——混合成包含数十万成员的巨大体积。

圆盘状的星系通常有螺旋状的图案，并不是坚实的"手臂"，尽管它们看起来像"手臂"；它们是气体、尘埃和恒星的密集区域，其形成方式与浴缸中漩涡的形成基本相同——只不过这些星系旋涡会持续数亿年。今天，星系中的大部分恒星的形成都发生在圆盘星系中。

与圆盘状星系相比，隆起状星系含有较少的年轻恒星，并且不是通过旋转，而是通过更随机的恒星运动来维持其形状，这些运动将物质从其核心"吹"走，变成椭圆球状。最强大的类星体通常位于这些星系的中心。

与银河系相比，宇宙中的大多数星系都很小。它们可以呈现出圆盘状或隆起状，也可以是不规则的形状，就好像它们还没有足够的时间将自己设计成宏伟的形态。

人物小传

美国天文学家**埃德温·哈勃**（1889—1953）率先确认了银河系等星系分散在不断膨胀的宇宙中。在他的著作《星云世界》（1936年）中，哈勃根据形状将星系分为三类：椭圆星系、旋涡星系和不规则星系。这种星系形态的"音叉"原来并不是星系的形成序列，而是一种组织方法，帮助天文学家了解恒星在星系中的诞生和分布方式。

35亿年

银河系

宇宙大爆炸后40亿年，我们的银河系开始了它的生命历程。

今天，银河系包含了数以千亿计的恒星、创造数十亿颗恒星的气态原料以及足以创造数万亿颗行星的重元素尘埃。银河系的绝大多数恒星都位于一个螺旋状的波浪形圆盘，直径约10万光年。它的中心隆起为一个橄榄球体，天文学家称之为星系棒，就像一颗卡在薄皮比萨中间的李子，其中包含了数十亿颗恒星，围绕着一个质量超过地球一万亿倍的不祥之物——名为人马座 A* 的超大质量黑洞——嗡嗡作响。

我们银河系中的其他恒星构成了一个稀疏的球形晕，其直径比圆盘本身还要大一些，而这个晕中夹杂着100多个球状的恒星星团，像一团卫星围绕着银河系中心运行。所有这些宏伟的结构——一个名副其实的宇宙岛——都位于一个暗物质的茧中，这个茧向各个方向延伸超过10万光年。

太阳系以及我们人类所居住的第三颗行星，围绕着银河系中心运行，形成一个巨大的、起伏不定的圆圈，大约需要2.5亿年才能运转一圈。我们不是位于银河系的中心，幸好远离中心黑洞，而是在距离中心大约一半的地方，位于一个大旋臂的一个相对平静的支点上。由于基本不会受到干扰，这个稳定的银河系局部环境已维系了数十亿年之久，反过来又使地球的行星生态系统缓慢而稳定地发展为我们今天生活的舒适家园。

具有讽刺意味的是，尽管我们可以观察到数十亿光年外的星系和类星体，但我们所处银河系的大部分仍然隐藏在我们的视线之外，就好像我们是一个阴暗池塘中的小鱼。银河系圆盘中的混浊物质阻挡了我们在许多方向的视线，而这只是整个圆盘中的一小部分。为了穿透这层障碍物，天文学家将红外技术（热视力）应用在望远镜和探测器上，帮助我们观测肉眼感知范围以外的东西。

通过一种被称为干涉测量法的精确测量技术，使用盖亚（Gaia，全天天体测量干涉仪）空间望远镜的天文学家已绘制了包含约20亿颗恒星的精确位置、颜色和运动的地图。这是迄今为止关于银河系的最详细的图像，其完整的大小和形状的模型越来越精确。这些数据显示，随着物质团块不断落入银河系的星系盘和光环并在其周围移动，银河系也会不断增长和演变。Gaia地图已经被用来绘制太阳系的路径，也被用来预测我们的银河系在40万年后可能是什么样子。

人物小传

荷兰天文学家**雅各布斯·科内利乌斯·卡普坦**（1851—1922）利用第一张大规模的夜空恒星地图，推断出银河系呈圆盘状结构。美国天文学家**哈罗·沙普利**（1885—1972）根据银河系恒星光环中的球状星团的距离和运动，计算出银河系的大小，并确定了太阳的偏心位置。

地球的位置（对页银河系地图图示部位）大约在银河系螺旋形恒星盘的中心和边缘之间。

40亿年

星系组装

星系之于宇宙，某种意义上就如同细胞之于人体。

我们人类只能看到宇宙的一小部分细节。因此，就像医学研究者通过研究细胞分裂和细胞死亡来解读人类的衰老过程一样，天文学家也会研究星系的形成和演化，以推断随着宇宙时间的推移，宇宙可能会发生什么。

然而，对人类来说，星系的老化和演变的时间尺度是如此之长——达到数百万年和数十亿年——以至于没有人能在其有限的生涯中看到一个星系形状和结构上的变化，就好比一只蜉蝣在研究一只乌龟的老化过程。但天文学家们并不气馁，他们运用科学手段窥探宇宙的历史。一种办法是尽可能多地观察不同的星系，另一种办法则是用计算机快放星系的演化过程。

想象一下，如果你只有一天时间来弄清楚人类是如何变老的，你能做什么？你可能会给伦敦国王十字路口的所有人拍一张快照，然后对照片中的不同人群进行分类，比如他们有多老或多小、他们穿着什么、他们是在走路还是坐在马车上，等等。然后，你可以对人们如何从婴儿开始成长为儿童，然后成为成年人，以及他们的长相取决于他们如何打发时间，做出有根据的猜测。再然后，你的同事可以在别的地方——学校、体育场或你家附近的街道上——拍摄其他人群聚集的照片。最终，尽管可能无法在一天内观察一个人整个的生命过程，人类衰老过程的统一图景将呈现出来。

如果我们能够加快时间进程，至少在一个模拟的宇宙中这么做，会怎样呢？我们已经充分掌握了一些基本的物理定律，可以借助它们预测未来可能发生的事情，只要我们能足够快地计算出所有的结果。科学家们就是以这种方式、运用计算机研究宇宙的。他们在虚拟的早期宇宙中设置条件，并以超速运行时间，看看它们是否产生了我们今天观察到的星系群。这几乎就像玩一款宇宙电子游戏。事实上，今天许多最流行的科幻电影和电脑游戏所呈现的逼真的运动和动力学，都来自最初为天体物理学研究而开发的计算引擎。

人物小传

出生于德国的英国天文学家**威廉·赫歇尔**（1738—1822）和**卡罗琳·赫歇尔**（1750—1848）起初皆为职业音乐家。这对兄妹全身心地投入到科研领域后，做出了一系列重要的天文发现，并整理了第一份有关宇宙中2500多个非恒星物体的综合目录。威廉的儿子**约翰·赫歇尔**（1792—1871）观测地球南半球后，进一步扩展了这个目录。他们的工作成果最终成为记录星云、星团和星系的《星云和星团新总表》的核心内容，该目录至今仍是使用最广泛的天文目录之一。

两个以适宜的速度相互接近的小星系可以在10亿年或更长时间内合并成一个更大的单一系统。

人物小传

1941年，早在计算机问世之前，瑞典天文学家**埃里克·霍姆伯格**（1908—2000）利用桌上的灯泡和手工计算的引力，发表了一个关于星系相互作用的非凡实验。今天，天文学家使用超级计算机来端详霍姆伯格在80年前就正确模拟出的效应。

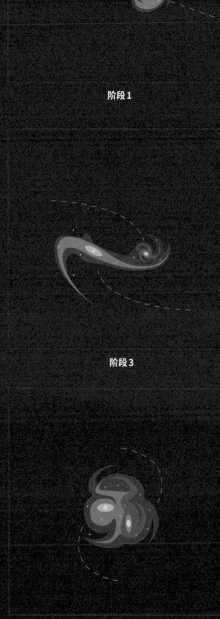

阶段 1

阶段 2

阶段 3

阶段 4

阶段 5

阶段 6

47.5亿年

大爆炸后50亿年

6

46亿年前

太阳和太阳系的诞生

自银河系诞生以来，时间已经过去了50多亿年。

随着包裹和定义银河系的物质晕越来越大，再加上数百个较小的晕，暗物质部分提供了一个引力稳定的岛屿，而重子物质的一部分形成了巨大的云团和气体流。而就在这些云层中，诞生了不计其数的恒星。

与这些下一代的恒星相比，宇宙中最初形成的恒星是巨大的。尽管有少数恒星确实长到了第一代恒星巨无霸般的程度，但后来诞生的恒星平均来说只有一小部分的质量。为什么会这样呢？第一代恒星为星际环境注入了必要的成分，使其较小的后代能够形成碳、氮、氧、铁等元素周期表上的元素。

其他元素的形成也是一种新的核合成，而且比大爆炸后最初几分钟发生的核合成要复杂得多，乍一看这个过程似乎没造成多大影响。即使在数十亿年后，宇宙中最初的两类原子（氢和氦）仍然占所有原子核的99%以上；而且，即使每种较新的原子核都要重得多，这两种最轻的元素与所有其他元素加起来的含量之比近于50：1。不过，重元素的极小一部分使得银河系中诞生的恒星与宇宙再电离之前诞生的恒星相比，有了很大的区别。

现在，恒星的数量惊人，种类繁多，每颗恒星都与它的邻居分享关键的属性，而且在关键方面也具有独特性。恒星分布在密集的星团中，三两个地出现在一起，当然也有那种灿烂的孤星。它们散发出彩虹般的颜色，以及人眼不可见的光的波长。而且，根据它们的质量、组成以及它们的出生环境来推测，它们可以一直生存下去，或者在最后一次壮观的大灾难中停止发光，与银河系的其他部分分享它们的物质和能量，从而诞生新的恒星，重新开始恒星的生命周期。

随着银河系"恒星大都市"的成长和成熟，有两个重要的里程碑标志着时间在向我们现在的时刻迈进。第一个是时间本身，或者更准确地说，是我们对时间的保持，因为宇宙中的重元素提供了一种衡量时间流逝的新方法。第二个则是45亿年前太阳的诞生。

太阳可能是在像NGC 3603这样的灿烂的开放性星团中形成的，通过哈勃空间望远镜，我们观察到它被滚滚的气体和尘埃云所包围，此为恒星诞生的原材料。

恒星遍布宇宙

大爆炸后大约5亿年，第一批星系中的第一批恒星帮助宇宙再电离。

得益于恒星内部的核合成，氢转变为氦的同时释放出巨大的热量和辐射，下一代恒星的光芒在宇宙中闪耀，只是偶尔被气体和尘埃云遮挡。

像距离地球14 000光年远的CTB 102这样的恒星形成区，经常被浓密的星际尘埃所遮挡。射电望远镜的观测显示，充沛的气体笼罩着十几颗年轻恒星，它们的质量是太阳质量的10万倍。

银河系的大部分恒星形成于几十亿年之内。随着时间的推移，能够形成恒星的氢气量减少，星系的物理条件发生变化，恒星形成率陡然下降。今天，我们的星系中估计有3000亿颗恒星，平均每年还会诞生几颗恒星。

有利于恒星形成的条件通常发生在相同的状态下。星际云中巨量的气体在星系内部聚集，在这些云团内形成了更密集的团块，而在这些团块中，密度更大的核心也会坍缩，并形成新的恒星。我们的太阳可能形成于比较松散的恒星集合中，这些恒星诞生后在星系中彼此远离。更紧密的集合是恒星的疏散星团，恒星在疏散星团中聚集了上亿年。几千颗恒星在一个单一的云团中形成时，它们会更加紧密地聚集在一起成为球状星团。有大约100个已知的球状星团在银河系内部运动，其中包含的一些恒星比银河系本身还要古老。

任何来源的光在传播时都遵循着平方反比定律，在距离加倍的情况下，在远处看到的光的亮度会减少为原来的1/4。虽然亮度下降速度很快，但从来不会降到0，而且总有足够的光源存在，比如类星体和几乎在可观测宇宙边缘的星系。

昴星团（对页上图）是一个疏散星团，包含了著名的"七姐妹星"，关于这些年轻恒星的神话传说已经流传了几千年。杜鹃座47（对页下图）是仅能在南半球观测的球状星团，其本身就像一个小星系。

银河系中有很大比例的双星或多合星系统。当每颗成员星能被清晰看到的时候，这样的系统被称为目视双星或目视多合星系统。当成员星离得太近，无法通过图像清晰分辨，只能通过运动的变化来探测的系统，被称为光谱双星或光谱多合星系统。

人物小传

英裔美国天体物理学家**塞西莉亚·佩恩－加波施金**（1900—1979）是哈佛大学的第一位天文学博士。1925年，她在博士论文里正确地推断出，恒星几乎完全由氢和氦组成，这与当时认为恒星与地球成分类似的想法大相径庭。她的研究为高光度恒星和变星的研究工作奠定了基础。后来，她成为哈佛大学的首位全职女教授，也是哈佛大学的首位女性系主任。

55亿年

恒星亮度和颜色

恒星远不只是黑暗天空中的亮点，它们还显示出各种不同的亮度（它们产生多少能量）和颜色。

　　我们人类将颜色视为各种色调的组合，而且很难描述物体的"蓝色"或"红色"是如何呈现出来的。大约两个世纪前，天文学家开始用物理学和数学描述恒星的颜色，比较它们的光在特定波长带中的比率。这些测量的标准化使我们能够科学地研究恒星，并对宇宙中大量的不同种类的恒星进行分类。

　　对颜色进行更详细的考察可能更耗时，但也能产生巨大的科学回报。如果一个物体的光线通过棱镜折射或从衍射光栅上反射，它就会扩散成不同的颜色，形成光谱。（彩虹是太阳的光谱，通过大气中水滴所形成的临时棱镜进行折射）。1802年，英国物理学家和化学家威廉·海德·沃拉斯顿（1766—1828）获得了第一份太阳光谱，并注意到了明亮色块之间的黑暗区域；1814年，德国物理学家约瑟夫·冯·弗劳恩霍夫（1787—1826）使用改进的设备，将太阳光谱中的黑暗区域分为无数条窄线。几十年后，天文学家发现，这些线条是由光和太阳中的原子之间的相互作用造成的。

恒星的颜色与它们的光谱分类和温度有直接关系。最热的恒星，表面温度在30 000℃（54 000℉）以上，会发出蓝紫色的光芒，被称为O型星。B型星的温度约为20 000℃（36 000℉），A型星的温度约为10 000℃（18 000℉）；它们发出蓝色和白色的光芒。F、G、K和M型星会逐渐冷却，温度低至3000℃（5400℉），并发出黄色、橙色和红色的光芒。

1911年和1913年，丹麦的天体物理学家埃纳尔·赫兹普隆（1873—1967）和美国的亨利·诺利斯·罗素（1877—1957）分别发表了恒星图，将恒星的颜色和亮度分布方式可视化。今天，赫罗图是科学家研究恒星特性的最有用的工具之一。

在银河系，每10颗恒星里至少有9颗是主序星，之所以这样命名，是因为它们的颜色和亮度都在赫罗图的弧形地带（主序）。该图的另外两个主要区域分别被红巨星和白矮星占据，这些天体的名字恰如其分地描述了它们的外观和大小。

人物小传

　　三位美国天体物理学家开创了根据光谱对恒星进行分类的方法。出生于苏格兰的美国天文学家**威廉敏娜·弗莱明**（1857—1911）在1890年左右建立了一个基于氢气产生的光谱强度的简单系统。1897年，**安东妮亚·莫里**（1866—1952）对数千张恒星照片进行整理，发表了一份记载数百颗恒星的目录，并提出了一个用光谱对恒星进行分类的系统，强调其亮度和颜色。几年后，**安妮·坎农**（1863—1941）将这项工作整合成了哈佛分类法，这是今天天文学家使用的"OBAFGKM"恒星光谱序列的基础。

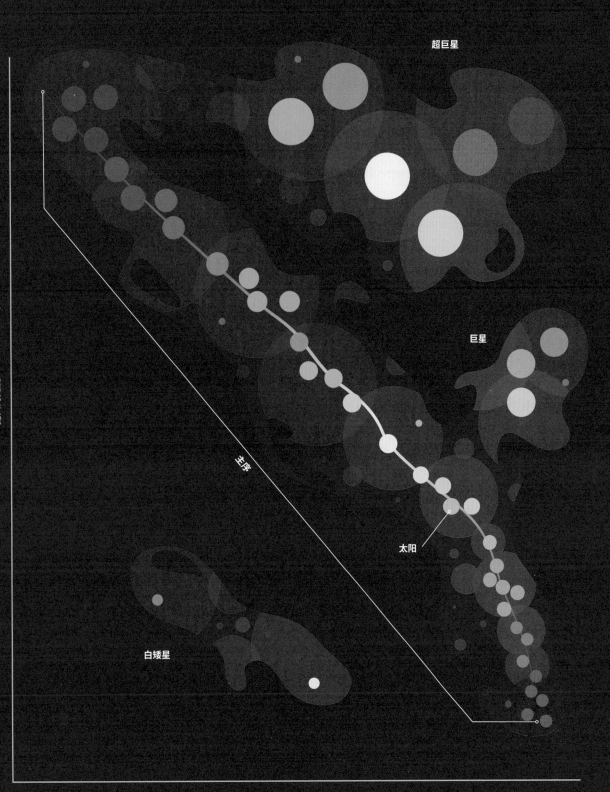

超巨星

巨星

太阳

白矮星

主序

更大的光度

更冷的表面温度

65亿年

恒星的诞生和衰老

恒星就像人一样，有着从出生到成长的历程，并会随着年龄的增长而变化。

通过对赫罗图和核聚变物理学的研究，天文学家了解到，恒星的生命周期各不相同，这取决于它们诞生时的质量有多少。所有的恒星都是在星际气体和尘埃云自身坍缩时形成的，导致其核心的压力和温度非常之高，继而可以引发核聚变反应。大质量恒星的温度和压力更大，所以它们的核聚变率更高，寿命也更短。低质量的恒星发光相对微弱，但持续的时间要长得多。

低质量的恒星经过漫长的岁月，缓慢地将氢气融合成氦气——这个过程如此之长，以至于宇宙都还未经历足够的时间，让我们得以目睹这类恒星的最终阶段是什么样的。物理计算表明，在数千亿年后，这些恒星核心中产生的氦气变得非常密集，阻碍了核聚变反应的继续进行。恒星的外层坍缩至氦核上，形成一个大小与地球差不多的白矮星，凭着剩余的热量闪烁着光芒，而后慢慢消退到黑暗中。

像太阳这样中等质量的恒星，可以通过质子－质子链维持100亿年的核聚变反应，直到其核心积累了足够多的氦，使核聚变过程受到干扰。想象一辆从未更换过机油的汽车——它的发动机里会积聚污泥；回到恒星的情况，氦在其核心积聚，堵塞了通常的核聚变过程。由引力接管，恒星再次开始向内坍缩。新生成的氢堆积在氦核的外层，形成一个氢壳，剧烈地燃烧并进一步加快核聚变反应。这颗恒星从新的能量爆发中膨胀起来，尺寸和亮度都在增长，成为一颗红巨星。

今天，宇宙中每诞生一颗明亮的O型星，就有超过10万颗渺小的M型星诞生。毋庸置疑，这颗O型星闪亮夺目、盖过了所有的M型星，但它的光芒是转瞬即逝的，因为O型星将氢燃料迅速地融合成氦，以致其在M型星仅度过百万分之一的寿命之前就死亡了。

在一颗新生恒星的核心点燃核聚变反应时，形成它的气体云的外部区域仍在向内坍缩。这些物质与流经云层的核聚变能量相互作用；狭窄的物质喷流从恒星向外射出，而不断增加的外向压力吹散了多余的气体，留下一个薄薄的物质圆盘围绕着恒星的赤道运行。

那些像恒星一样形成，但质量不足以维持核聚变的物体被称为褐矮星。它们的质量只相当于太阳质量的几个百分比，有时可以在短时间内将氢融合成氦；不过，它们在形成不久后，就从诞生时的热量中缓慢冷却下来，通过它们所发出的柔和的红外光几乎不能被察觉。

人物小传

英国天体物理学家**阿瑟·斯坦利·爱丁顿**（1882—1944）在揭示白矮星的内部结构方面发挥了作用，他证明了电子通过相互推挤支撑了白矮星的内部结构，这些电子受到引力的作用而被压得越来越近了。出生于巴基斯坦的美国天体物理学家**苏布拉马尼扬·钱德拉塞卡**（1910—1995）随后表明，电子简并压力有一个极限值，在质量超过太阳质量1.5倍左右的情况下，白矮星将会发生灾难性坍缩，变得更加紧凑。多年后，这种紧凑的物体——中子星和黑洞——被发现了。

较小的星际云形成低质量的恒星，最终以白矮星的形式结束生命。较大的星际云可以形成像太阳这样的中等质量的恒星，这些恒星在成为白矮星之前会经历一个红巨星阶段。

星际云

低质量恒星

白矮星

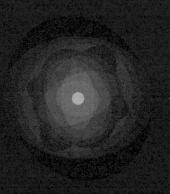

星际云

中等质量恒星

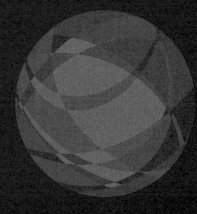

红巨星

75亿年

恒星的核合成和再生

即使在恒星向整个宇宙发出它们的光芒时，它们也在自己内部制造宇宙的元素。

与主序阶段相比，红巨星阶段是短暂的，最多持续10亿年左右。然而，在红巨星阶段末期，氦核已经变得非常巨大、密集和炽热，使得一个新的核合成过程的发生成为可能：氦聚变为碳。在关键时刻，发生了大规模的氦闪现象，为恒星注入了巨大的能量，并支撑恒星在坍缩前存续一段时间。几亿年后，一系列额外的、规模较小的氦闪光彻底结束了恒星的存在；爆炸将恒星的外层抛向太空，而氦和碳的核心则成为白矮星。

碳的产生是中质量和高质量恒星在其生命最后阶段所经历的众多步骤中的第一步，以制造更多的不同种类的元素。当成为红巨星时，膨胀的恒星巨大边界内的原子核受到从其中心向外流动的稳定中子的浸润。几千年来，如果这些中子与原子核接触，它们可以在缓慢而稳定的增长链中融合成新的元素。

在高质量的恒星中，核合成过程要戏剧化得多。创造碳的氦闪光仍然不足以支撑恒星抵御引力坍缩。随着更多的物质落入恒星核心，温度、压力和密度不断升高，直到更复杂的聚变链反应开始。氦气融合成氧气。碳融合形成氖和镁，氧气融合形成硅和硫。随着高质量恒星在坍缩和阻止坍缩的核聚变能量之间继续竞速，这些过程疯狂地加速。最后，在几十亿摄氏度的温度下，铁被熔融了——这是一个极限过程。在这之后，核聚变不能产生额外的能量。

几天后，恒星发生了剧烈的超新星爆炸。新融合的元素被喷射到太空中，受到大量高速移动的中子的轰击。其中一些中子与原子核融合，在几分之一秒内形成大量的元素。这个快速的过程，加上红巨星中的缓慢过程，产生了我们今天所知的元素周期表上的所有元素。

这些元素散落在广阔的星际空间中，经过了数百万年的旅行，速度逐渐慢下来，与其他自由浮动的原子相接触。又过了数百万年，这些原子聚集成星际云，慢慢冷却到大约零下260℃，仅比绝对零度高出10℃或20℃。然后，这些冷云开始了它们自己的坍缩过程，再过了数百万年，新一代的恒星诞生了。

人物小传

1954年，四位杰出的英美天文学家和物理学家——**杰弗里·伯比奇**（1925—2010）、**玛格丽特·伯比奇**（1919—2020）、**威廉·福勒**（1911—1995）和**弗雷德·霍伊尔**（1915—2001）——在一篇论文《恒星元素的合成》中综合了过去的研究成果和新的观察理论。他们的研究成果帮助促成了我们的现代认识，即恒星核合成是当今宇宙中几乎所有比氢和氦更重的原子的起源。几十年后，福勒被授予诺贝尔物理学奖，而玛格丽特·伯比奇则成为美国天文学会的创始会员。

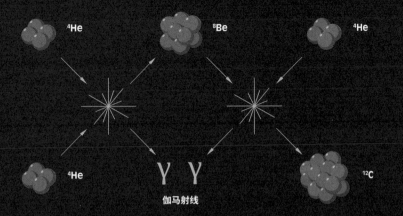

三个氦–4核融合形成一个碳–12核的过程被称为三重阿尔法过程，之所以这样命名是因为氦–4核也被称为阿尔法粒子。它只存在于温度超过1亿摄氏度和恒星中心那般极端高密度的环境下。

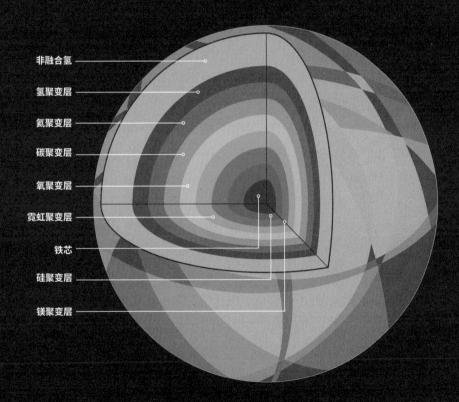

非融合氢

氢聚变层

氦聚变层

碳聚变层

氧聚变层

霓虹聚变层

铁芯

硅聚变层

镁聚变层

在大质量恒星中，连续的核聚变产生了许多新生的元素层，当恒星发生超新星爆炸时，这些元素会被炸入太空深层。

标记宇宙的时间

太阳诞生了。

在银河系形成后的数十亿年里，一代又一代的恒星都经历着从诞生到毁灭的漫长历程，每一代恒星都将核合成的元素不断扩散到银河系的每个角落。这意味着恒星中重元素和轻元素的比例是衡量该恒星年龄的一个指标。最近诞生的恒星中这些元素的比例较高，而早期形成的恒星则有较低的比例。

但是，其中一些重元素并没有重新融入新的恒星中。相反，当一团坍缩的气体云形成一颗新的恒星时，周围的一些物质会沉积在恒星周围的轨道上，而不是坠入其中。如果条件合适，这些多余的物质就可以聚集在一起，形成更大的物体——首先是微小的颗粒，其次是卵石，再次是巨石，最后是行星。重元素成为这些固态物体的一部分，形成引力链接的碎石堆，在某些情况下，它们通过物理和化学反应结合在一起，形成岩石。

此外，许多通过核聚变产生的重元素立即开始分解为较轻的成分。通过这种放射性衰变过程，这些元素核中的质子和中子的数量逐渐发生变化，遵循一种可预测的时间模式。

放射性衰变的可测量性和可靠性，意味着科学家可以推断出今天宇宙中物体的年龄。例如，如果一块岩石自形成以来没有发生过化学变化，我们可以测量岩石中某一特定放射性元素的数量，以及由该元素衰变产生的副产品元素的数量；比较这两个数值，我们可以计算出该岩石形成的时间。

岩石中可测量的放射性衰变的存在，对于测量宇宙中的时间流逝来说是一个游戏规则意义上的改变。在这之前，宇宙历史中某些东西的"位置"取决于大爆炸的参考点。尽管我们已经科学地测量了大爆炸发生的时间，即近138亿年前，但由于没有人在那时见证过，这个数字的不确定性将始终存在。放射性测年法提供了一个新的、更具体的视角：从此以后，历史上的"哪里"可以是在此刻之前发生的多长时间。即使远距离的测量仍然不够精确，但我们现在可以将它们与我们自己的时间联系起来。

天文学家正是通过对最古老的陨石（在太阳诞生时形成的岩石）进行放射性测年，从而确认了太阳的年龄。按照目前的测量精度，太阳的年龄为45.7亿年。

人物小传

美国化学物理学家**波特拉姆·博尔特伍德**（1870—1927）是第一个发表利用铀–238的放射性衰变研究岩石年龄的报告的人。他测得的岩石年龄范围在4亿年到22亿年。几年后的1913年，英国地质学家**阿瑟·霍姆斯**（1890—1965）在他的开创性著作《地球的年龄》中展示了自己的成果，改进了博尔特伍德的工作，巩固了放射性测年的领域。

每种元素都有一种或多种同位素——同一元素的不同版本，其原子核中的中子数不同。放射性测年法最常应用到的就是碳–14，这是一种罕见的碳同位素，它在生物体内不断得到补充，直到生物死亡。通过比较样品中碳–14和碳–12（最常见的碳同位素）的比例，可以测量植物材料和动物遗骸的年龄，最高可达约5万年。

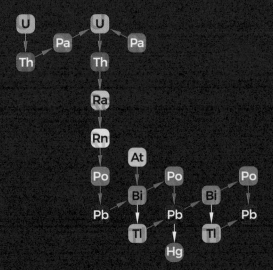

铀－238的放射性衰变链由一系列α衰变（原子核失去一个氦核）和β衰变（原子核失去一个中子并获得一个质子）组成。1克铀－238在经过4 468 000 000年的半衰期后，将持续衰变，直到只剩下0.5克；其余部分将衰变为铅（Pb－206）和其他副产品。

天文学家利用放射性测年法计算出我们的太阳诞生于45.7亿年前。太阳出生时就被一个由尘埃和气体相撞融合成的旋转的盘状物质所围绕，我们太阳系的行星最终将在其中形成。

从这个时候开始，物体和物质的年龄可以用放射性测年法校准到今天。

46亿年前

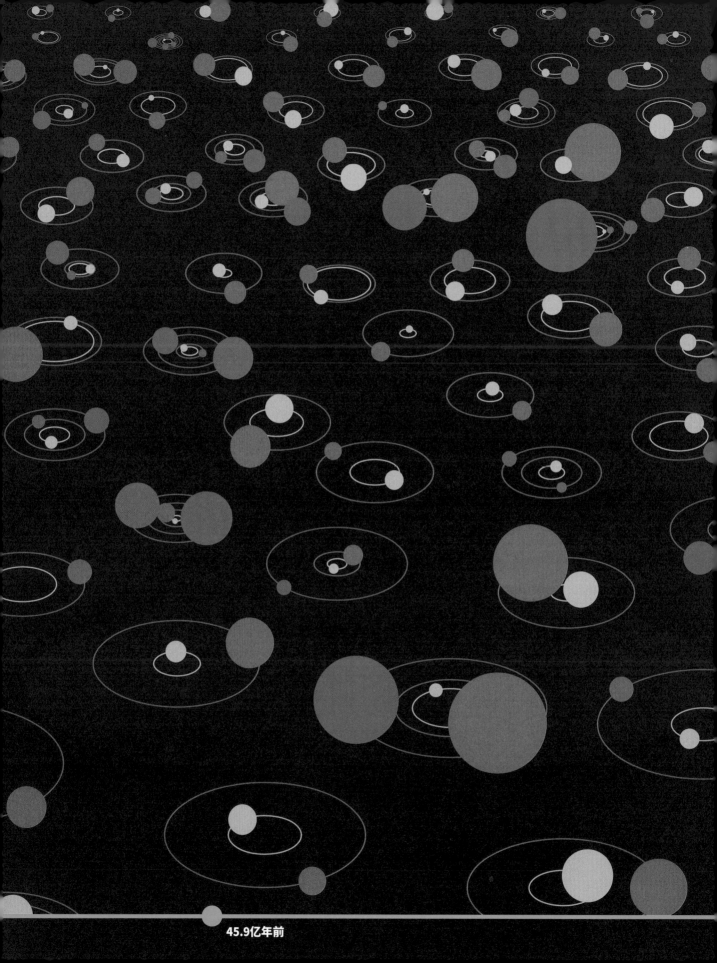

45.9亿年前

7

45.6亿年前

地球和月亮的诞生

2021年2月18日，一个小型航天器一往无前地进入火星稀薄的大气层。

在7分钟的时间里，它利用降落伞和以火箭为动力的空中起重机，从接近20 000千米/时的速度减至人类的步行速度。"毅力号"火星车是一个汽车大小的机器人飞行器，带有23个摄像头和一套科学仪器，它在四个轮子轻轻着陆后，向它已屏住呼吸的制造者发出信号：它已经准备好探索另一个世界了。

据我们所知，宇宙中的行星一抓一大把。然而，就人类的整个历史而言，我们所了解的行星不到10颗，也就是那些围绕太阳运行的行星。我们肉眼可见的行星是墨丘利、维纳斯、玛尔斯、朱庇特和萨图恩——至少，欧洲大陆的人们就是这样称呼它们的（在中国文化里，它们称为水星、金星、火星、木星和土星）。与太阳、月亮和星星——其运动有迹可循，且循环往复——不同的是，这些天体在宇宙中沿着弯曲的轨道漫游。在更加迷信的古代文化中，它们被赋予了广泛的权力，甚至神圣的地位——夜空中的它们仿若不可捉摸、不眨眼的哨兵，美丽而又神秘。这个结论是不正确的，但或许可以理解。

最终，对行星的科学研究表明，它们是完全自然的物体——是物理定律、太阳的诞生和时间流逝的结果。在太阳诞生的前1000万年里，它将坍缩形成的巨大气体和尘埃云重塑为一个向外延伸数十亿千米的旋转残余物质的盘状结构。在这个圆盘中，微小的颗粒形成了——这些颗粒形成了卵石，然后是巨石，最后是行星。随着时间的推移，质量最大的天体施加了最强的引力，吸引其较小的"邻居"与之结合，形成了大大小小的行星。不受行星引力影响的物体成为彗星和小行星，其中许多仍然围绕太阳运行，与45亿多年前形成时相比几乎没有变化。

当我们晚上仰望天空，或许感觉外面没有什么变化。这种永恒的宇宙静谧之感可能在人类的一生中持续存在，但太阳系和它的居民总是在不断运动。数百万年来，众多微小的引力相互叠加在一起，甚至改变了最大的行星的轨道；动态研究表明，太阳系里甚至存在过一颗额外的行星，就是被这样的引力甩出系外，使其他行星进入它们今天所处的稳定轨道。我们的持续存在归功于这种稳定性；而且我们知道，行星本身也会随着时间的推移而变老、发生变化，而且变化往往是巨大的。因此，当我们在"毅力号"的帮助下研究我们的行星邻居时，我们也在研究自己，以及我们古老的历史可能是什么样子的，我们地球未来的命运可能是什么。

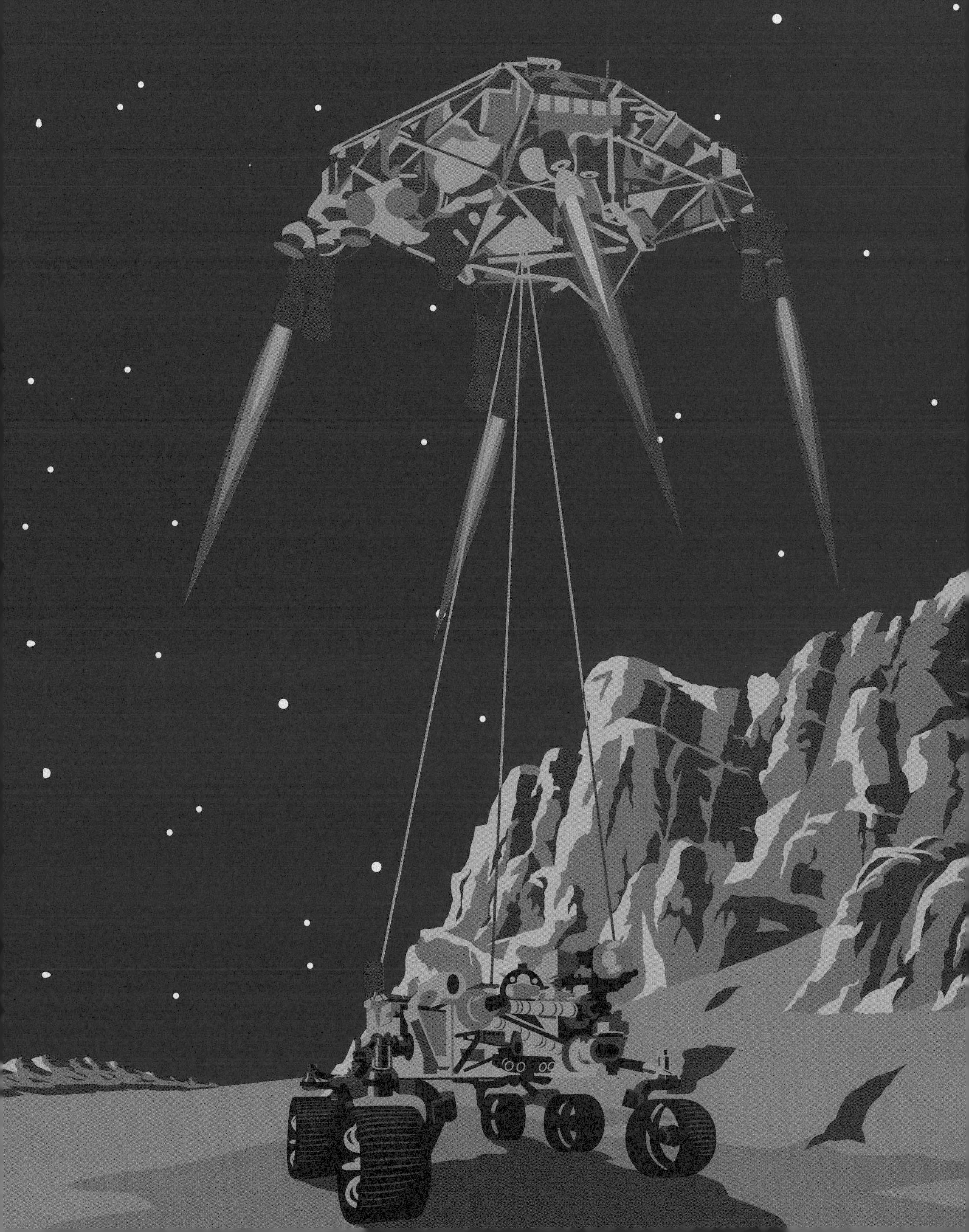

星际物质和行星际物质

就像任何食谱一样，我们的行星的诞生也始于基本材料。

当整个宇宙的星际物质凝聚成星系时，单个的气体和尘埃云在自身内部坍缩，形成了这些星系中的第一批恒星。在银河系中，没有被锁在恒星和黑洞中的散乱的星际物质既包括大爆炸后余留的未经处理的气体（氢和氦），也包括在恒星内部核合成过程中转化的并被抛回星际空间的粒子——从锂到镧再到铀的所有元素和同位素。

根据"星际介质"聚集的地点和密集程度，它可以从外部或内部被照亮，产生了夜空中的一些最美丽的天文现象。在新生恒星周遭的气体和尘埃里形成了所谓的原行星云——行星的诞生地。

一些最为绚丽多彩的星云产生于恒星演化的终点。像太阳这样的恒星会喷射出行星状的星云（之所以被误称为行星，是因为在19世纪的天文学家通过他们的小型望远镜观察时，它们看起来像行星），露出里面的白矮星核心。质量非常大的恒星发生超新星爆炸，产生的气态残余物在超高速冲击波和残余的放射性衰变的作用下发光。

反射星云通常闪耀着明亮的蓝光，这些蓝光是从附近恒星光源的尘埃颗粒上散射出来的。而像巴纳德68和煤袋星云这样的暗星云，则是不透明的冷云，可见光几乎不能穿透它。但是，暗星云通常会发出红外光，是由其内部新近诞生的恒星产生的。

星际化学反应集中发生在恒星内部和周围的温暖区域，以及仅高于绝对零度十几度的巨大、寒冷的星际云中。简单的分子如氢气（H_2）和一氧化碳（CO）是最常见的；大量复杂的化学物质也在太空中飘浮，如醇类和防冻剂分子，以及被称为富勒烯的大型球状碳结构分子。

分子如何在太空中形成仍然是现代天体物理学研究的一个主要课题。在地球的实验室里，原子可以相互碰撞并结合成分子，至于太空的原子，情况则有所不同：它们非常稀薄，分散在广阔的空间，移动速度太快。原子可能会落在太空尘埃颗粒上，慢慢地相互作用，形成分子，然后飘回太空。但是，如果分子不存在，这些尘埃颗粒一开始是怎么形成的呢？

人物小传

美国天文学家**爱德华·爱默生·巴纳德**（1857—1923）和他的侄女**玛丽·卡尔弗特**（1884—1974）可能是他们那个时代最重要的天体摄影家。他们在威斯康星州的叶凯士天文台工作，与叶凯士天文台的主管**埃德温·弗罗斯特**（1866—1935）合作，于1927年出版了一份关于夜空中"黑暗"物体的目录。这些物体的大多数被证明是厚厚的星际气体云。

猎户座星云，从地球的北半球和南半球都能用肉眼看到，是一个富含尘埃和气体的恒星诞生地，这些物质聚集在一起形成新的恒星。

45.8亿年前

年轻的太阳和太阳星云

说到地球的诞生，我们的命运在太阳诞生的早期就已经确定了。

尽管我们的母星形成的气体云有不规则的结构，受到引力和旋转作用的塑造，但其相当一部分可能已经积聚为一个直径达数十亿千米的薄薄的、螺旋状的圆盘。当太阳中的核聚变被点燃时，所产生的热量和辐射向各个方向扩散；星云中较稀疏的区域被吹回深空，而盘状结构保留了下来。

在这段时间里，留存下来的星盘也并不平静。当新太阳的热量和太阳风穿过星盘物质时，引力和电磁力将其塑造成更密集、更稀疏的带状物，而数百万千米宽的巨大闪电区域可能在四周闪现。较轻的气体粒子，如氢和氦，被推到离太阳5亿多千米远的地方。更加稀少和密集的岩石和金属颗粒则留在了附近。

几百万年后，尽管大量的能量继续从太阳散发出来（今天仍然如此），但最初的混沌局面已经平息下来。原行星盘的环状区域——旋转的气体和尘埃流——开始凝聚成较大的物体。起初，它们可能由于静电效应而粘在一起，就像在干燥的冬日里，你松散的头发粘在毛衣上一样。在某一时刻，引力占据了上风，行星的"组装"正式开始。

金牛座HL是一颗非常年轻的恒星，其周围有原恒星星云和圆盘，看起来类似于45.7亿年前太阳周围的那种星云。在这张由哈勃太空望远镜拍摄的照片中，一个喷射状的云层因恒星辐射逸出的能量而发光，而一个明亮的蓝色星云则阻挡了我们对其内部的观察。对页图片是用阿塔卡马大型毫米波（ALMA）拍摄的，通过观察来自云层内部的无线电波来穿透眩光；它显示出恒星本身仍然笼罩在发光的气体中，在围绕着它的圆盘内部开始凝聚环状物，这是新行星诞生的场所。

人物小传

瑞典哲学家**伊曼纽尔·瑞典堡**（1688—1772）和德国哲学家**伊曼纽尔·康德**（1724—1804）是太阳和行星在盘状太阳星云中形成这一观点的早期提出者。法国物理学家和数学家**皮埃尔-西蒙·拉普拉斯**（1749—1827）首先建立了天体力学研究领域，并在一个数学框架内发展了星云假说，为现代科学图景奠定了基础。

45.6亿年前

行星

作为庞大的行星家族中的一员，地球形成了。

太阳星云中形成行星的每个物质环都有不同的密度、不同的总质量和不同的元素混合物。凭借独特的成分，每颗行星都呈现出其独特性，同时也与其同类有相似之处。

太阳系的内行星拥有金属核心（几乎都是铁和镍）以及主要由硅氧化合物组成的岩石外壳。这些重原子元素能够抵御太阳高能带电粒子的剧烈风暴，并在其宿主恒星的2.5亿千米范围内保持完整。然而，这些元素在原行星星云的原子中占比不到1%。毫不奇怪，这些行星比其他行星小得多，而且其气态的大气层远远超过行星中固态和液态的成分。

• 水星离太阳很近，无法维持大气层。它的表面显示出强烈的地质作用痕迹，包括由天体撞击和大规模的火山流导致的地形变化，这些活动似乎在水星首次形成后持续了10亿年。

• 金星可能有一段与地球相似的地质历史。然而，它在自身周围生成的浓厚的二氧化碳大气层极易吸收热量，导致其表面温度甚至比炎热的水星还要高。

• 地球有足够的氮氧大气，使其表面温度大致保持在水的冰点，不太热也不太冷。它的表面覆盖着流动的海洋、漂移的大陆和碳基生命。

• 火星在形成大约10亿年后可能已经有了雨云、河流和海洋。但没过多久，火星的热量就耗尽了；今天，稀薄的大气层和冰冷、干燥的地貌等吸引人的线索，表明火星上可能存在过生命体。

太阳系的外行星都有岩石核心，每颗外行星的岩石核心质量均为所有内行星质量总和的两倍以上。从太阳吹走的气体粒子留在太阳系中，在外行星轨道上聚积起来，构成这些气态巨行星的主要组成部分。这些行星也没有固体表面；在它们的大气层底部，压力非常高，氢气被压缩成厚厚的金属液态层。

• 木星的质量是太阳系中其他所有行星质量总和的两倍。它的大红斑是一个比地球还要大的风暴，已经肆虐了4个多世纪。

• 土星的质量则是木星以外所有其他行星质量总和的两倍。它那显著的环状系统由数以万亿计的冰和岩石碎片组成，预计会持续大约1亿年，而后逐渐消散到行星际空间中。

• 天王星和海王星的质量大约都是地球的20倍——其中约有一半的质量分布在它们的核心部分，另一半的质量分布在它们的大气层部分。像木星和土星一样，天王星和海王星周围也有许多卫星围绕着它们运行，堪比一个小型的行星系统。

矮行星确实很小——目前已知的矮行星的直径都不比月球大——然而，它们仍然构成了围绕太阳运行的迷人世界。其中许多矮行星——比如意大利天文学家朱塞普·皮亚齐（1746—1826）在1801年发现的谷神星，以及美国人克莱德·汤博（1906—1997）在1930年发现的冥王星——在最初被发现时被归类为行星，后来科学研究表明它们很小，才被重新分类。

水星
直径 4880 千米

金星
直径 12 100 千米

地球
直径 12 760 千米

火星
直径 6790 千米

木星
直径 143 000 千米

土星
直径 121 000 千米（不包括环）

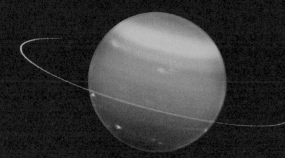

天王星
直径 51 100 千米

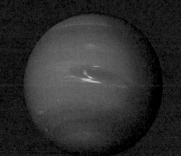

海王星
直径 49 500 千米

45.4亿年前

月球、小行星、彗星和碰撞

根据地质学和天体物理学的研究，行星的形成是一个充满活力和混乱的过程。

在整个新生的太阳系中存在着许多原行星；几乎所有的原行星都是在大致相同的时间里形成的，它们以不同的方向和速度绕着太阳运行，经常相互碰撞。经过5000万至1亿年后，最大的天体已聚集了大部分较小的物质，形成了我们今天所知的行星的核心；行星形成的过程导致了各种大大小小的碰撞，包括重塑整个世界的巨大撞击。

大约在45.1亿年前，一颗与火星大小相似的原行星（天文学家将它昵称为忒亚）撞上了新生的地球。想象一下，一个成熟的甜瓜以每小时数千千米的速度撞上一个多汁的南瓜，但并不完全是正面撞击。两个物体当然都破碎了，一些碎片被远远地抛向太阳系，但它们之间的相互引力将其大部分物质重新聚集成单一的天体。大约有1%的物质留在新形成的行星周围的轨道上，而那剩余的一点物质随着时间的推移聚集起来，形成了月亮。

在主要行星形成时，太阳星云中只有极小部分物质未被整合成大天体。大小不一、直径几千米左右、主要由冰和岩石组成的混合体成为彗星，而主要由岩石和金属构成的物体则成为小行星。尽管它们的总质量还不及月球，但今天仍有数以百万计的小行星在太阳系中飞驰，等待着机会——如果有的话——将它们的质量加到更大的天体中去。

陨石是太阳系物质的碎片，它们从外太空坠落到地球，在到达地球期间以及到达地球后的环境影响中幸存下来。它们所含物质经数十亿年基本没有什么变化，堪称保存了太阳系古老历史的文物。

以美国先锋行星科学家尤金·舒梅克（1928—1997）命名的NEAR-舒梅克航天器，在2000年2月14日至2001年2月12日围绕着马鞍形小行星433 Eros进行探测工作，然后在这颗直径约为34千米的小行星上着陆，结束了其任务。

1976年，加拿大裔美国天体物理学家阿拉斯泰尔·G.W.卡梅伦（1925—2005）和威廉·沃德（1944—2018）提出，在太阳诞生约1亿年后，一颗火星大小的原行星撞击熔融地球时形成了月球。十年后，卡梅伦和瑞士天体物理学家威利·本茨（生于1955年）进行了首次超级计算机模拟，展示了这样的碰撞如何在45亿年前导致了原始月球的出现。

1994年，舒梅克·列维9号彗星在木星引力的影响下破裂成碎片，并在连续数天内坠入木星的大气层。七次最大的撞击中，每次撞击释放的能量都超过了地球上所有核爆炸和常规爆炸的能量总和，并产生了数千千米宽的临时暗洞。

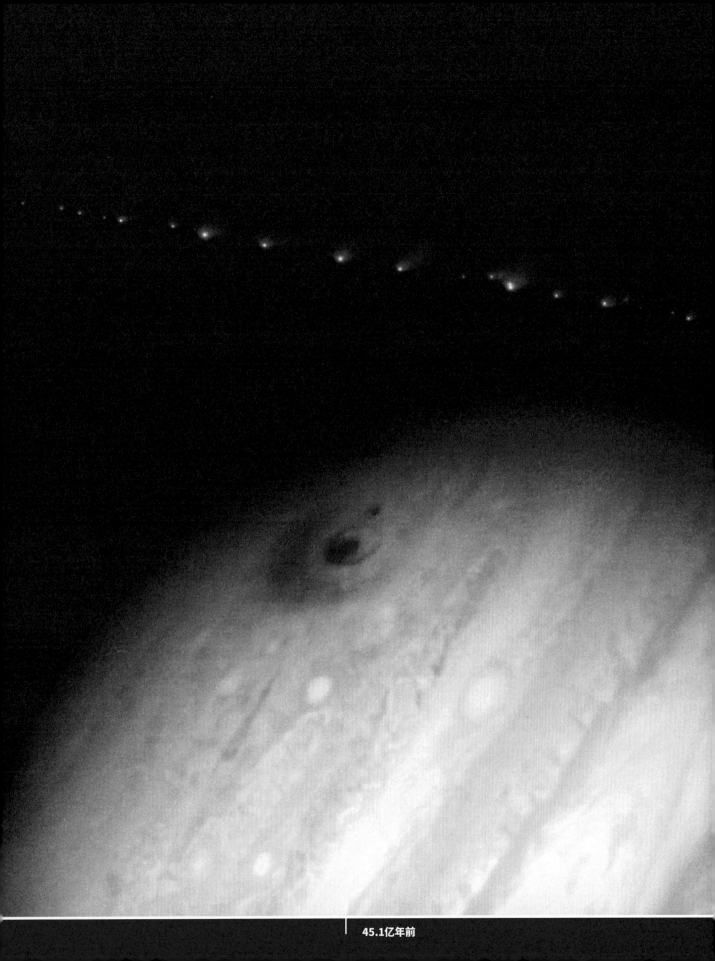

45.1亿年前

行星系统和太阳系外行星

就在一代人之前，天文学家只能猜测在我们的太阳系之外是否还存在行星。

太阳系外可能存在行星，有许多理由支持这种猜想；毕竟，支配着太阳系行星运动的物理定律在整个宇宙都是适用的，所以每颗新恒星都有可能拥有自己的行星、卫星、小行星和彗星系统。挑战在于如何找到它们。

令人印象深刻的是，近年来，天文学家们采用了某些技术来探寻系外行星——太阳系以外围绕其他恒星运转的行星。多普勒方法通过测量恒星的微小晃动以判断是否有行星存在，因为行星在运行时受引力的影响在恒星轨道上来回移动。过境法则是通过监测恒星亮度的周期性下降，表明行星在绕恒星轨道运行时从恒星前面经过。也许最具挑战性的方法是直接成像法；除非在拍摄图像时宿主恒星的光线几乎完全被挡住，否则行星的热量和光线的微小闪烁将被淹没而无法探测。

然而，受制于当前的望远镜技术，我们只能搜索到银河系的一个小角落中的系外行星。即便如此，迄今为止我们已经发现了超过4000个这样的系外行星。根据这些早期的结果，天文学家预测，仅在我们的银河系中就可能存在数十亿颗行星。

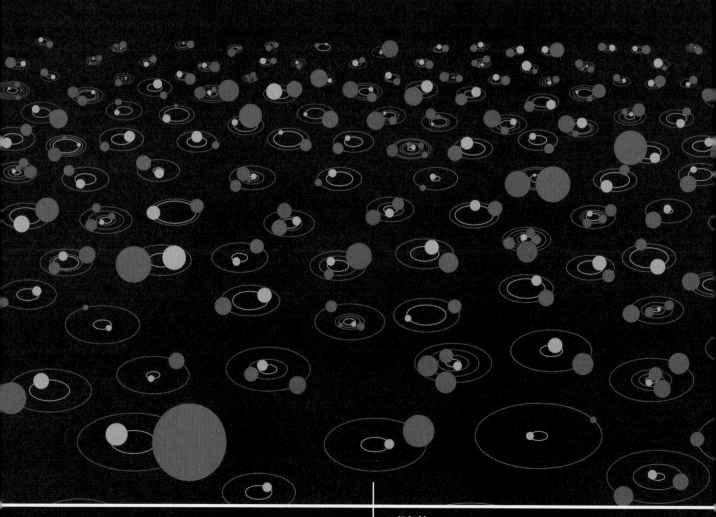

地球和冥王星之间的距离是惊人的 50 亿千米，美国宇航局的"新视野号"太空探测器花了近十年时间才到达那里。而离太阳最近的已知恒星距离太阳 40 万亿千米，比地球和冥王星之间的距离远 8000 倍。如果没有太空旅行技术方面的革命性进展，到达围绕该恒星运行的行星将需要极其漫长的时间。

人物小传

1995 年，瑞士天文学家**米歇尔·马约尔**（生于 1942 年）和**迪迪埃·克洛兹**（生于 1966 年）通过追踪行星对其宿主恒星飞马座 51 运动的引力影响，首次发现了一颗围绕着类似太阳的恒星运行的行星。他们的工作打开了系外行星发现的闸门，他们也为此被授予 2019 年的诺贝尔物理学奖。

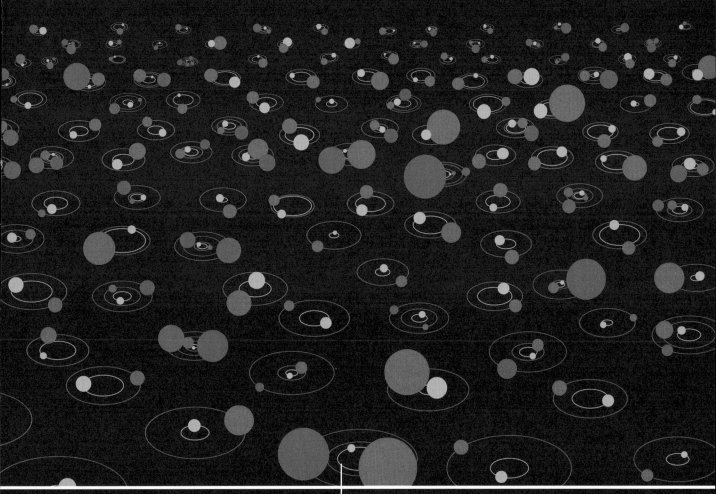

44 亿年前

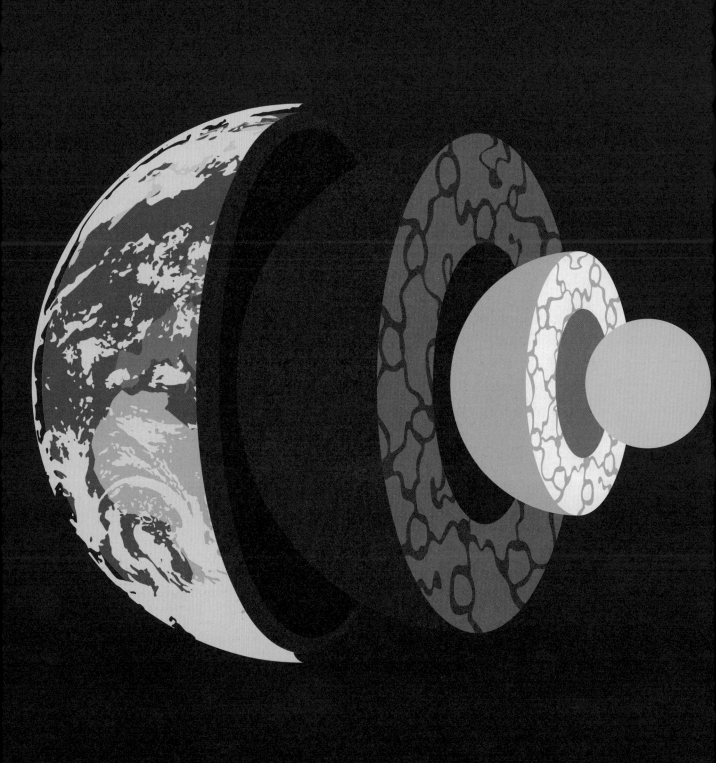

8

38亿年前

地球上生命的诞生

100亿年来，我们目睹了宇宙的演变。

宇宙曾经是一个炽热的熔炉，而后不断冷却，直到适合物体在其中形成。在广阔的气态托儿所中，恒星诞生了。它们经历着繁殖、成长和死亡，在巨大的星系生态系统中度过一生，这些生态系统的大小、形状和活动都有很大的不同。行星系统形成了，被其宿主恒星产生的环境所包围。在这些系统中，行星诞生了，每个行星都是其物质成分和周围环境的产物，随着它们的稳定和演化而慢慢冷却。

现在，在地球上，随着行星本身的老化和演化，新的物体正在形成，它们具有非凡的特性：能够保存和传递大量信息，以至于它们几乎可以通过精心处理周围可利用的资源来复制自己，使其几乎完全一致。地球上的某些环境条件使得这些物体的形成成为可能：轻重元素的恰当结合、稳定的温度和丰富的液态水。在数十亿年的时间里，这些以碳为基础的自我复制体将演化成数百万个不同的品种并遍布地球，从根本上改变和塑造着它们的星球。

我们所知道的生命在自我复制和适应新环境方面非常擅长，以至于我们倾向于认为它在宇宙中一定是独一无二的存在。不过，我们已经从宇宙历史中了解了足够多的信息，知道遵循相同的基本物理规则的自然过程可以创造各种令人眼花缭乱的美丽、复杂的现象，包括一些如果未能实际观察到就难以想象的事物。地球上的生命是否也属于这种范畴？目前看来无疑是令人惊叹的，但站在宇宙的角度，是否只是普通的存在？

要回答这个问题，如果我们能找到另一个存在类似我们这样的生命的星球，肯定会有所帮助。探索地外生命的技术目前尚未完全成熟，但我们就快要实现了。在过去1/4世纪里天文学家发现的数千颗行星中，有一小部分似乎与地球相当相似。几十年后，我们的望远镜和探测器可能会明确观察到，其中的一个或多个行星上存在着我们可以认定为生命的东西。

在那之前，涉及我们自己的宇宙谱系时，还有很多谜团需要解决。仅举一例，恒星的演化要经过漫长的岁月，每一代新的恒星可能需要数百万年的时间才能成熟。相比之下，地球上的某些生物可以在不到一个小时的时间里生出曾孙。几十亿年前，什么样的物理和环境条件，导致了如此高效的繁殖的发展？更值得深思的是，像人类这样复杂的生命形式是一种单一的生物体，还是多种生物体的复合体——甚至，是整个生态系统？从根本上说，人类可能并不比其所进化出来的微生物或每时每刻都与其共存的数万亿微生物更"优越"。反过来说，人类可能并不比地球本身"糟糕"——地球是一个纵横交错的庞大体系，是无数个"小体"的宿主，并且都遵循一套共同的规则：自宇宙诞生以来在不同尺度上运作的自然规律。

地球的凝固、分化和演化

在地球形成过程中，各种物质碎片的相互碰撞所产生的高能量将这些物质聚集在一起，其能量非常巨大。

地球在数百万年的时间里完全被熔化了——它的岩石和金属成分混合在浓厚、黏稠的流体混合物中。我们可以把地球想象成一个装满了水、油和沙子的罐子，在超高的温度和压力下被不断地摇晃和搅拌着。

一旦地球上的大部分物质被聚集起来，最初剧烈的碰撞也降至缓慢而微弱的程度，我们的"罐子"在不受外界干扰的情况下，内部物质就会开始分层，这个过程被称为分化。重力导致金属首先沉降，而且降得最远，一直到地球的熔融核心。岩石物质也向下沉降，逐渐穿过地球的主体，直到在地幔中停止，浮在密集的金属物质上面。

这个缓慢的沉降过程通过地球向外释放了大量的热量。随着热量流向太空，地球表面迅速冷却下来。同时，氢、碳和氧等低密度的元素与岩石、金属元素结合（以及低密度元素之间也会发生化学反应），形成了各种化合物和矿物。在温度足够低的地方，液态物质冷却凝固，形成了地壳。

地球的冷却和凝固过程一直持续到今天。尽管大约5亿年后，地壳基本上已经固化，但在过了40亿年后的今天，地球核心温度仍然可能超过5000°C，大约与太阳表面温度一样高。我们星球内部的热量继续塑造着我们世界的表面，因为火山活动不断地通过地壳的裂缝和薄弱部位喷发岩浆，将新的物质和元素带入我们的土地和大气中。

尽管地球中心的热量令人窒息，但地球最里面的铁核是固体的。地球本身向下施加的压力极为巨大（超过300万千克力/平方厘米），使得金属被压成了超热的晶体形态。核心的外部是液体，随着其流动和旋转，有助于形成地球的磁场。

以目前的技术，人类无法钻进地壳几千米深以上。因此，地质学家通过追踪地震的振动模式来研究地球的内部结构。为了研究地球内部的物质可能是什么样子，行星科学家还研究陨石，这些陨石在坠到地球之前曾是小行星和矮行星的核心的一部分。

地球的直径超过12 700千米。然而，它的地壳平均厚度只有15~20千米，只占地球体积的不到1%。仅向下一两千米深的地方，地壳的温度就已经超过了65°C。

人物小传

克罗地亚地球物理学家**安德里亚·莫霍洛维奇**（1857—1936）在其职业生涯早期研究过龙卷风。1909年，他检查了以他家附近为中心的地震测量结果，并得出结论：地球的固体地壳位于结构和成分截然不同的地幔上。为了纪念他，地壳和地幔之间的边界今天被称为莫霍洛维奇不连续面（简称"莫霍面"）。

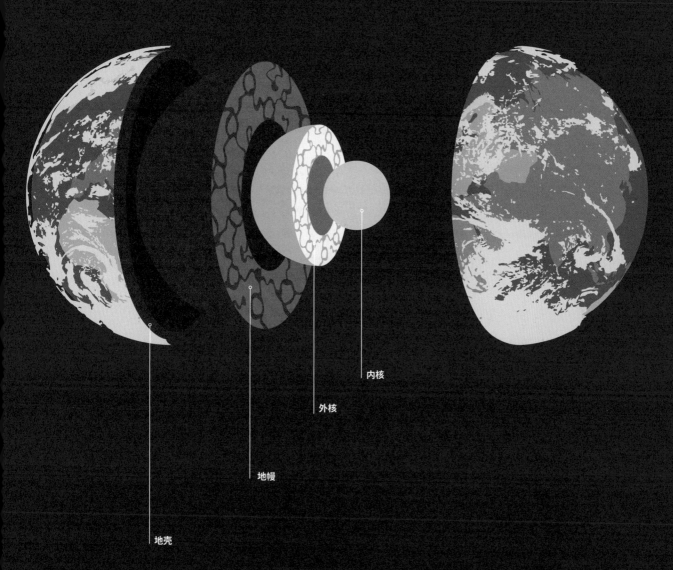

内核

外核

地幔

地壳

海洋和大陆

地球在不断地进化，尽管与生物的进化方式不同。

虽然我们的星球主要是由固态的岩石和金属构成的，但在其内部的极端温度和压力的影响下，这种密集的物质在许多方面表现出流体的特征，导致了地球内部的运动变化。对人类而言，这种运动和变化极为缓慢，几乎无法察觉。然而，从宇宙时间的视角来看，地球是一个动态的、不断变化的场所，有一个由相互关联的循环和系统组成的网络。

靠近行星或卫星表面的硬壳状层被称为岩石圈。地球的岩石圈由地壳和上地幔的固态部分组成，并不是单一的结构；相反，它是由一系列大陆的岩石板块组成的，漂浮在上地幔的流体部分（称为软流圈）上，并缓慢地滑动。想象一下，寒冷的湖面上漂浮着大大小小的冰块，这些冰块不断地相互碰撞和推挤，堆积在一起后又分开。这就是地球板块运动的情形，它们每年移动几厘米，大约与你的指甲生长速度相当。

也许对地球上生命的发展最为重要的循环系统是水循环。在地球形成的过程中，来自彗星和其他冰质撞击物的水分子被困在岩浆中；数百万年间，岩浆慢慢地到达地表并冷却，水分以蒸汽的形式逸到我们的大气中，进一步冷却后以降雨的形式回到地表。尽管与岩石相比，地球上的水总量微不足道，但足以覆盖地壳薄弱的部分，形成一层深达数千米的液体层。今天，海洋覆盖了地球2/3以上的面积。

如今，来自太阳的能量通量比从地球内部向外扩散的能量通量大几千倍。然而，太阳的影响范围仅限于地壳的较浅部分。因此，虽然太阳为地球表面的活动——比如气候和天气、水循环和光合作用——提供动力，但地幔和地核所提供的缓慢而稳定的热量仍然是地球内部运动和地质过程的主要动力来源。

地表下的诸如板块构造和火山活动等过程从地球内部获得能量。地球在其历史早期分化为地壳、地幔和地核时，释放出大量的重力势能。地球形成时，剩余的热量从地球的核心缓缓向外散发，而与之大致相当的热量则是由元素（铀和钍等）的放射性衰变释放的。

人物小传

苏格兰地质学家**查尔斯·莱尔**（1797—1875）是现代地质学研究的奠基人之一。他的三卷本著作《地质学原理》（1830—1833）解释了自然过程是如何在几千年甚至几百万年的时间里缓慢地改变地球的。他的均变论——与灾变说相对，后者将剧烈事件作为重大地质变化的原因——是现代科学的一个关键支柱：自然法则在宇宙历史的各个时期以相同的方式发挥作用，产生了一个充满巨大变化，但都遵循相同的基本规则的宇宙。

德国地质学家**阿尔弗雷德·魏格纳**（1880—1930）在其职业生涯中极大地推动了对天气和地球极地地区的研究。然而，他最出名的是提出了大陆在地球表面缓慢漂移的理论，这一观点构成了现代板块构造学的基础。魏格纳在格陵兰岛严冬的一次科学考察中不幸去世。

36亿年前

生命的起源仍然是个谜

数十亿年前，我们所知的生命在地球上发展的机会简直无法想象。

地球上的诸多要素和条件对于生命的存在发展而言恰到好处，以至于几乎不太可能找到另一个与地球非常相似的星球。另外，考虑到宇宙的大小和年龄，以及自大爆炸以来存在的大量星系、恒星和行星，总的来看，我们在宇宙中并不孤单。

地球经常被说成在"金发姑娘区"，这个名称来源于不请自来、闯入三只熊的家里的金发女孩的故事。在这个区域里，地球与太阳的距离适中，温度既不会太热也不会太冷，因而能在地表维持液态水的存在。其他有助于地球上生命诞生的宇宙巧合包括太阳系处在银河系相对平静的位置、太阳供给的持续而温和的热量、木星的引力屏障作用以及月球对地球轨道和潮汐的影响。

生命的生物学起源在科学上仍然是个谜。叠层石（由古代微生物规模性群体产生的有机物质垫层）显示了地球上大约38亿年前存在生物的证据。然而，化石是对遥远过去的罕见而不完整的记录；非常早期的生命是脆弱的，很可能没有存活到今天。科学家们所知道的是，支持生命的要素——稳定的温度、液态水和关键的化学元素（如碳和氮）——在地球上出现后不久，我们今天所说的生命就开始存在了。

太热

刚刚好（宜居带）

太冷

繁殖也许是生物体最独特的特征。最早能够产生蛋白质，存储和复制遗传信息（虽然效率不高）的分子是核糖核酸（RNA）。地球上可能有过这样一个时期，当时的生命形式非常简单，以至于唯一的遗传活动是基于这些化合物——所谓的"RNA世界"——进行下去的。如果这是真的，天体生物学家认为宇宙中可能存在"RNA世界"，在那些星球上，这种极其原始的生命可能是唯一存在的生命。

DNA（或称脱氧核糖核酸）和RNA有很多相似处，但它们的组成中有一个关键的差异，导致DNA分子结构呈两条长链，以扭曲的螺旋状相互缠绕。这种"双螺旋"结构使得DNA链足够稳定，可以储存大量的遗传信息，并且足够灵活，可以重复性地准确进行自我复制。DNA是地球上所有基于细胞的生命的基本遗传信息载体。

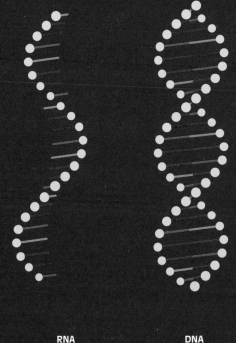

RNA   DNA

人物小传

英国物理化学家**罗莎琳德·富兰克林**（1920—1958）是使用X射线晶体学技术来研究生物和非生物的微观结构的先驱者。她的研究成果帮助科学家了解生命存在所必需的复杂分子，包括核酸，如DNA。然而，她因癌症过早逝世，辉煌的职业生涯亦戛然而止。

原始的、微观的生命

生命从简单到复杂的进化之路是呈阶梯式的，每上一个阶梯都需要数百万年的时间。

DNA分子链可能构建了只有几微米长的基本生物体，类似于现代生物体内的组件。一个根本性的突破是进化出了可以包围和容纳许多不同有机物质的膜，使它们能够在一个单一系统中共同工作：一个细胞。

最早出现的细胞生物是原核生物，它们的遗传物质主要漂浮在其细胞膜内，适应着地球上仍然不稳定的环境。它们在极端环境（如火山热泉和深海热液喷口）下存活，温和的淡水池和浅海也是它们活动的场所。随着它们进化得越来越复杂，大约在20亿年前出现了一个重大转折，当时一些细胞在它们内部进化出了有膜的细胞核，用来容纳和组织它们的DNA。在这种变化的刺激下，真核生物——具有这类细胞的生命形式——建立了更加复杂的内部结构，一些生物的体积甚至比原核生物大几千倍。

在它们首次出现后约10亿年，一些真核生物发展出可靠、高效的运输化学物质的方法，不仅在细胞内部，还可以运输到其他细胞。进化生物学家认为，随着时间的推移，非常简单的生物体可能意外通过合作增加了个体的生存机会。然后，这些合作的生物逐渐融合成系统，拥有了自己的生命。细胞群结合形成单一的生命系统，多细胞生物就此诞生。

从那时起，细胞逐渐发展出特定的功能，用于感知周围环境、调节内部环境并保护免受威胁。今天，它们构成的大型复杂生命体——从植物到宠物再到人类——其细胞数量通常比宇宙中最大星系中的恒星数量还要多。

内共生——将其他生物体合并到单个、更复杂的生物体内的过程——被科学家认为是在细胞层面上改变生命的主要力量。重要的例子可能是古代版本的叶绿体，它利用阳光将水和二氧化碳转化为糖；还有线粒体，它可以将糖和氧气转化为可用的能量。很久以前，这两种类型的细胞可能被纳入大型真核生物中，以增强这些细胞生成能量和为其生命过程提供动力的能力。今天，叶绿体和线粒体不再是独立的生物体，而是其他细胞内的细胞器——一个更大整体的强大组成部分。

人物小传

美国生物物理学家和微生物学家**卡尔·沃斯**（1928—2012）是对地球早期生命进行现代科学研究和分类的先驱。1990年，他与同事**奥托·坎德勒**和**马克·韦尔斯**合作发表一篇论文，提出了基于分子结构和序列的现代生命分类，将生命分为三域：古细菌、细菌和真核生物。

2020年的诺贝尔化学奖被授予美国生物化学家**珍妮弗·杜德纳**（生于1964年）和法国微生物学家**埃玛努埃勒·沙彭蒂埃**（生于1968年），以表彰他们开发了一种编辑生物体遗传密码的方法。CRISPR-Cas9是"规律间隔成簇短回文重复序列及其相关蛋白9"的简称，可以被用作基因"剪刀"，剪掉不需要的DNA片段——这是最初在单细胞原核生物体内自然发展出的一种机制。

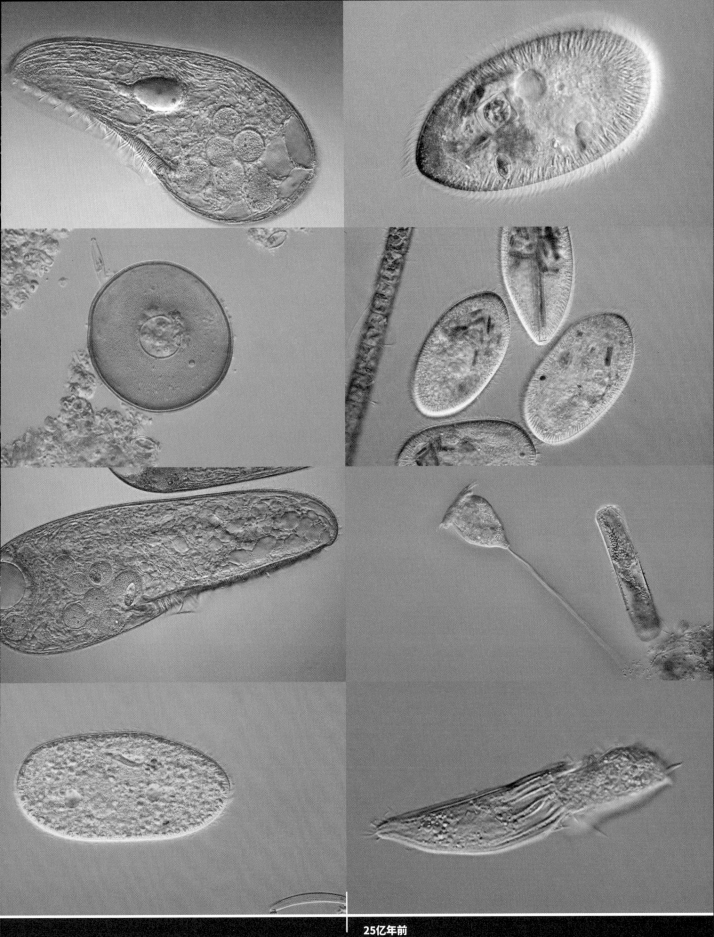

自然选择的进化

25亿年前，地球充满了生命，开始变得拥挤起来。

遗传物质的片段——主要是RNA和DNA——在世界范围内大量组合。数十亿的组合中，大多数都未能取得持久的结果。但是，许多其他组合能够借助地球上的物理条件和化学反应过程，成功而迅速地繁殖，形成了生命遗传领域的第一批成员，经过数百万代的演化，它们被细分为越来越细致的生命类别：界、门、纲、目、科、属和种。

不可避免的是，不同类型的生物体之间出现了竞争。那些能够变得更强壮、活得更久、繁殖得更快甚至能够消灭竞争对手的生物，会繁衍更多的后代，从而增加它们的种群数量，并在生态系统中更广泛地存在。随着时间的推移，在单细胞生物进化得越来越复杂的同时，一些生物开始与其他类似的生物相联合，实现了超越个体能力的效果。这首先导致了细菌和其他单细胞生物群体的形成，然后最终演化成多细胞生物。

这种无休止的基因生成链一直持续到今天。虽然有些是在实验室里经人工干预进行的，但几乎所有的RNA和DNA的新组合都是由于自然发生的随机变异而产生的。自然界是如何选择那些将会持续存在的物种？由于不断引入新的变异，那些能够存活下来的物种——包括我们人类——必须表现出卓越的竞争、合作和适应能力。

人类与传染病的斗争是自然选择进化的一个典型示例。随着基因突变的不断发生，已知病毒和细菌的变种也层出不穷。如果某个病毒变种能够有效地在人群中传播，迅速繁殖，并压制试图抵抗它的努力，那么它就能在短短几周内引发全球大流行。人类可以通过合作在病毒肆虐的环境中生存下来：首先降低病原体在人群中的传播速度，然后开发和提供疫苗，帮助人类改进免疫系统来适应它。

蓝绿藻等光合自养生物的出现，是地球上首次出现生命后的第一次重大进化转折。通过将阳光、水和二氧化碳转化为营养物质，它们释放出大量的氧气——对当时地球上大多数生物而言是致命的毒素。数亿年后，新的生物适应了这种氧气，将其转化为自身生存的优势；具有讽刺意味的是，经过20亿年的进一步进化，今天地球上几乎所有生物都需要氧气来生存。

人物小传

英国自然学家**查尔斯·罗伯特·达尔文**（1809—1882）开始接受科学训练时是一名医生，但他选择当一名地质学家。他在乘坐"贝格尔号"军舰进行的长达5年的环球科学考察航行中，观察了地球和生物的特性。20年来，他仔细研究了自然选择的进化过程。直到1859年，他终于出版了关于这一主题的第一本书《论依据自然选择即在生存斗争中保存优良族的物种起源》（简称《物种起源》），开创了生物科学发展史上的新纪元。

英国自然科学家**阿尔弗雷德·拉塞尔·华莱士**（1823—1913）因其开拓性的生态学研究而闻名，当时他和达尔文一样，得出了进化是通过自然选择发生的结论。1858年7月1日，华莱士和达尔文在伦敦共同提出了他们的理论。华莱士是自然历史探索、环保行动主义乃至天体生物学领域的先驱；他是第一个著书（《人类在宇宙中的位置》，1904年）对外星生命存在的可能性进行科学考察的生物学家。

14亿年前

9

13亿年前

两个黑洞相撞

地球上首次确证科学探测到引力波。

随着碳基生物在地球扎根并进化出越来越复杂的形式，整个宇宙的生命也在无休止地延续。在数十亿个星系中，数万亿颗恒星诞生了，它们的光芒映照到太空。尽管大多数恒星至今仍然存在，但其中体积庞大的恒星迅速耗尽了它们的核燃料，当它们死亡时，它们耗尽的核心会坍缩成黑洞。那些体积小但引力强大的恒星残骸，大多数情况下在星系中孤独地运行；与它们的大小相比，恒星之间通常相距甚远，打个比方，如果恒星只有苹果那么大，位于苏格兰的恒星的最近的邻居在法国。

不过，有时候，一些游荡的黑洞确实会在途中遇到其他物体。在一定条件下，它们会落入彼此环绕的轨道上；如果另一个物体也是黑洞，它们通过引力形成双黑洞系统，开始了"引力舞蹈"的运动模式。

如果引力只是两个物体间的一种吸引力，就像艾萨克·牛顿几个世纪前描述的那样，这个双黑洞系统可能会永远保持原状——或者至少在第三个物体闯入这对物体之前保持原状。但正如阿尔伯特·爱因斯坦在20世纪所解释的那样，引力只在典型的人类尺度上表现得像一种力；实际上，引力是由宇宙中分布不均匀的物质引起的时空曲率。这种微妙的差异以惊人的方式显示出来，包括两个黑洞可能发生的情况：它们的轨道能量通过引力辐射慢慢消散。因此，它们开始旋转，并可能在数百万甚至数十亿年的时间里越来越接近，直到它们的事件视界合并，两个黑洞成为一体。

大约13亿年前，在一个遥远的星系中就发生了这样的事件：两个黑洞（每一个都是地球质量的1000万倍）在一次灾难性的碰撞中合并在一起。碰撞的冲击在太空中产生了涟漪般的振动，片刻间释放的能量是太阳在其长达100亿年的寿命中所产生能量的1000倍。这些能量不是以光的形式，而是以引力波的形式传播到太空，引力波引起了周围空间维度的瞬时扭曲，包括长度、宽度和高度。

当地球上进化程度最高的碳基生物还是真菌时，这股引力波经历了漫长的旅程，在它最终抵达地球时，能量已大为减弱，只使空间结构产生微小的扭曲，还不到质子宽度的1/1000。

尽管振幅很小，科学家们还是通过一个名为LIGO（激光干涉引力波天文台）的卓越实验系统，在2015年9月14日听到了引力波经过地球时发出的明显的嗡鸣声。这一事件被称为"GW150914"——平淡无奇的名字掩盖了它的科学意义。这一发现标志着多信使天文学时代的开始，也开创了人类感知宇宙的全新方式。

当两个黑洞合并时，碰撞会在时空中产生冲击波，瞬时地、几乎难以察觉地扭曲了遥远天体（如卫星和行星）的形状。

引力

宇宙微波背景辐射在大爆炸后38万年产生的一刹那，引力就开始组织宇宙中的物质。

也许令人惊讶的是，引力远远弱于其他基本作用力（强核力、弱核力和电磁力）。例如，气球上微弱的静电就足以使你的头发违抗整个地球的引力。另外，核力只在亚原子距离内起作用，而电磁力有正负之分，通常会相互抵消。因此，在行星际、星际和银河系范围内，引力控制着几乎所有天体的运动。

大质量物体的重力加速度不仅改变了它们的位置，也改变了它们的形状。当一个大质量物体的一侧受到引力的牵引比另一侧更强烈时，就会产生潮汐效应，扭曲物体的内部结构。几十亿年来，由月球和太阳引发的潮汐在地球的海岸线上轻轻地来回拨动海水，创造了有助于碳基生命演化的条件；同时，潮汐还影响了地球内部液态核心，释放内部热量，从地下向海洋提供能量。

人物小传

英国物理学家和数学家**艾萨克·牛顿**（1642—1727）在学生时期因黑死病肆虐不得不休学。牛顿在家自学的两年期间，推导出了微积分的数学原理、万有引力定律和以他的名字命名的三大运动定律，但这些发现的大部分内容直到多年后才公开发表。在他的一生中，牛顿经常讲述这样一个故事：他在家里看到一颗苹果从树上掉下来后，受到启发从而解释了万有引力。

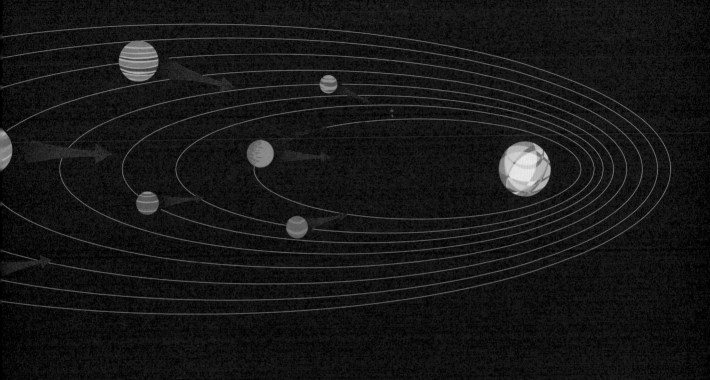

木星在木卫一上引发的引力潮汐，维持了数个世纪的强烈的火山活动，新的熔岩覆盖木卫一的表面，每个世纪总会发生那么几次。木星在木卫二上引发的较温和的潮汐，以及土星在土卫二上引发的潮汐，维持着这些卫星深层的液态水海洋，不断地塑造其冰冷的表面。

与静电力或光的传播类似，引力作为一种力，遵循着与距离的平方成反比的定律。例如，如果你离开一个物体10倍远，你所感受到的引力只有移动前的1%。另外，物体的质量与其所受引力成正比。

人物小传

德国天文学家和数学家**约翰尼斯·开普勒**（1571—1630）分析了数十年的天文数据，发现了三条以他的名字命名的轨道运动定律。第一条，也许是最基本的定律，天体以椭圆路径围绕其主天体（如月球的主天体是地球；地球的主天体是太阳）运行，主天体处于椭圆的一个焦点上。引力遵循着与距离的平方成反比的定律，所以开普勒定律成立。

在英国天文学家和物理学家**埃德蒙·哈雷**（1656—1742）的资助下，艾萨克·牛顿关于物理学原理、运动和引力的重要发现得以公开出版，供全世界的人参阅。哈雷随后应用这些理论计算一颗著名彗星的轨道，帮助佐证了牛顿的理论。他准确地预测了这颗彗星何时会重新出现划过地球的夜空；从那时起，这颗彗星就被称为哈雷彗星了。

广义相对论

艾萨克·牛顿将引力解释为大质量物体之间的拉力。他基本上是正确的。

两个多世纪以来，牛顿的引力模型作为宇宙中物体运行的基础理论发挥了良好作用。对于宇宙中我们所有熟悉的物理系统——地球、太阳系、银河系和其他星系——牛顿的方程式可以准确地用于预测我们能够观察到的几乎所有运动。

不过，大约100年前，天文学家意识到，牛顿的万有引力定律在应用方面非常接近真实情况，但并不完全正确。事实证明，引力是由于空间和时间的紧密关联而产生的——这是阿尔伯特·爱因斯坦所提出的广义相对论的观点。爱因斯坦解释说，大质量物体会对时空产生物理应力，就像保龄球会给蹦床带来压力一样。蹦床会向球的施力方向弯曲。同理，质量大的物体在时空中也会导致时空弯曲，这种弯曲就像在物体周围形成了一个"凹陷"部位，附近的物体会落入该凹陷处，而这些坠落物体的速度与它们受到引力影响时的运动方式完全一致。

除了广义相对论外，在最微小的亚原子尺度上，引力的性质仍然是理论物理学研究的一个前沿领域。时至今日，科学家们仍在试图弄清量子力学和广义相对论这两个伟大的现代宇宙理论之间的联系。量子引力可能蕴含着关于为什么大爆炸会发生、为什么存在时空以及是否存在多元宇宙和多个现实维度的线索。

来自遥远恒星的光可以沿着弯曲的路径（红线）传播，因为空间被介入的物体的质量所弯曲，使得这颗恒星看起来似乎位于其他地方（蓝线）。

尽管牛顿的引力理论和广义相对论之间的差异几乎难以区分，但它明显地在宇宙和我们的日常生活中显现出来。例如，GPS（全球定位系统）卫星上的时钟每天必须调整约400亿分之一秒，以便准确测量地面上的位置，因为它们经历的时空曲率与地球表面的物体相比略有不同。

人物小传

英国天体物理学家**阿瑟·斯坦利·爱丁顿**（1882—1944）强烈主张检验广义相对论。1919年，他带领一支探险队，测量太阳引力对日全食期间天空中可见星的位置的影响。当他和英国皇家天文学家**弗兰克·戴森**（1868—1939）宣布证实了广义相对论的结果时，广义相对论彻底改变了科学界，爱因斯坦也因此成为国际名人。

德裔美籍物理学家**阿尔伯特·爱因斯坦**（1879—1955）在20世纪为理论物理学领域做出了许多杰出的贡献。除了解释光电效应、布朗运动和提出著名的质能方程（$E=mc^2$）之外，他还在1905年发表了今天被称为狭义相对论的理论。1915年，他提出了一组复杂的数学方程，描述了空间、时间和引力的相互联系，现在被称为爱因斯坦场方程，即广义相对论的基本方程。

双星

宇宙中绝大多数质量较大的恒星都是双星或多星系统的成员，在这些系统中，两颗或更多的恒星长期围绕彼此运行。

根据目前的估计，银河系中大约有一半的类太阳恒星也有伴星。例如，半人马座α是目前已知的距离太阳最近的多星系统，拥有三颗恒星和至少两颗行星。

双星系统是如何形成的？在数十亿年的时间里，星系中的恒星会在绕轨道运行时相遇。通常情况下，这些恒星相距较远或运动速度较快，只能擦肩而过，或许在引力影响下稍微改变各自的路径。然而，当两颗以上的恒星同时相互作用时，就会发生复杂的动量和动能互换，其中两颗恒星进入彼此的轨道，而其他恒星则会被远远地快速甩开（相反，当第三颗恒星飞过时，双星系统也会遭到破坏，将恒星拉出它们的共同轨道）。

大多数双星系统和多星系统中的恒星都是分离的，也就是说，系统中的恒星并不接触。不过，当恒星彼此足够接近时，它们就会变成接触型双星——就像两团棉花球叠在一起形成一个拉长的圆球——而且其中一颗伴星的物质可能会流向另一颗伴星。如果其中一颗恒星是紧凑天体，如白矮星、中子星或黑洞，物质就会流向该天体，释放出比更大恒星内部的核聚变产生的引力势能还要多的能量。这会导致壮观的X射线双星系统的形成，它具备类星体的所有特征，但其尺寸和能量只有类星体的百万分之一：一个炽热的吸积盘、强大的喷流和由数百万度的星际气体发出的硬辐射。

我们的太阳是否有伴星？如果有的话，它的亮度可能太过微弱，距离地球也太过遥远，以至于无法用当前技术进行探测。虽然还没有科学证据的支持，但有人猜测可能存在一个非常暗淡的矮星，它与地球的距离，要比太阳系中任何已知行星与太阳之间的距离都要远得多。如果这颗伴星真的存在，它绕太阳轨道运行一圈可能需要数百万年的时间。

天鹅座X-1，一个距离地球6100光年的双星系统（对页为艺术家印象图），是在银河系发现的第一个可能的黑洞候选者。观测数据显示，有两个天体，每个天体的质量都是太阳质量的20多倍，每隔五天半就互相绕行一次；其中一个天体是一颗明亮的蓝色恒星，另一个天体则不可见，根据计算，其尺寸最多与爱尔兰大小相当。天鹅座X-1释放出大量的X射线（因此而得名），这些射线很可能是在围绕着双星系统中的黑洞吸积盘的内外部产生的。

双星在理论上也可以同步形成，可能发生在一个超大的星际气体云中。在这种情况下诞生的双星，大小不一定相同，如果它们在之后合并在一起，可能有助于促进大质量恒星的形成，否则在它们各自相对短暂的主序星寿命内很难实现这一点。

人物小传

意大利裔美国天文学家**里卡多·贾科尼**（1931—2018）开创性地利用火箭和卫星进行天文研究，特别是X射线天文学领域，相关研究和实验在地球大气层内无法开展。他发现了许多新型天体，如X射线双星系统，包括天鹅座X-1这样的黑洞。2002年，他被授予诺贝尔物理学奖。

9亿年前

黑洞碰撞

以两个黑洞相互绕行为特征的恒星双星系统可能是极为罕见的。

几十年来，天文学家们一直在思考，像银河系这样的星系是否能够在其100亿年的寿命里产生至少一对黑洞双星系统。尽管可能性不大，黑洞双星的想法还是让天文学家们着迷不已，因为如果它们真的存在，那就意味着黑洞之间可能发生碰撞，从而产生宇宙中最具能量的事件。

能够探测到这种碰撞的可能性如此令人神往，使得一个由科学家和工程师组成的庞大国际团队致力于创建一个实验设施，以探测这种黑洞碰撞，无论它发生得多么遥远。他们通过爱因斯坦的广义相对论场方程仔细计算，发现在两个黑洞接触前的最后几分之一秒，它们的内螺旋会释放出可被测量的引力波模式。如果将该模式转化为声音，它甚至会发出"啾啾"声。挑战在于构建一套与宇宙相适应的、足够大且足够敏感的"耳朵"，以便听到这个声音。

经过多年的努力和规划，20世纪90年代，激光干涉引力波天文台（LIGO）的建设工程正式启动。天文台建成后，科学家在接下来的十多年里努力倾听引力波，同时不断改进和调试LIGO，一直未能成功捕捉到信息。最后，在2015年9月14日，他们终于听到了引力波的信号：在一个遥远的星系中，一个双星系统中的两个黑洞，每个黑洞的质量大约是太阳的30倍，它们螺旋式地融为一体，而LIGO已经探测到了这次碰撞在时空中产生的涟漪。该事件被命名为GW150914，名称源自"引力波"（gravitational wave）和观测日期（2015年9月14日）。

在此后的几年里，LIGO和世界各地其他的引力波天文台又探测到了几十次引力的"啾啾"声。科学家们可能需要数十年的时间来分析和解释这些宇宙之音，这代表了一种全新的研究宇宙的方式。

黑洞是物质密度极高的聚集体，甚至连光都无法从其事件视界中逃逸出来。它们在时空中形成的引力"凹痕"又小又深；如果两个深深的凹痕重叠在一起，引力波会从系统中辐射出来，消耗双黑洞系统的轨道能量，使它们更加接近。想象一下，在一块大布上放置两颗沉重的炮弹；如果它们靠到一起，它们各自的凹痕也会靠到一起，能量波将从中心向外传播，经由布面扩散开来。

LIGO在美国有两个巨大的监听站点。一个位于华盛顿州的汉福德，另一个位于路易斯安那州的利文斯顿，两地相隔3000多千米。每个站点都有超灵敏的、激光校准的"耳膜"，位于4000米长的地下真空室内。每个站点都能探测到小于氢原子直径的一亿分之一的引力脉冲。当来自遥远的黑洞碰撞的引力波经过地球时，这两个站点就像人的一对耳朵那样协同工作，比较它们收到的信号，以破译它们刚刚探测到的事件的位置和功率。

人物小传

苏格兰物理学家**罗纳德·德雷弗**（1932—2017）和美国物理学家**巴里·巴里什**（1936年生）、**基普·索恩**（1940年生）和**雷纳·韦斯**（1932年生）在他们几十年的职业生涯里都致力于LIGO的开发、建设和运营。他们的努力在2015年9月14日首次探测到引力波后得到了回报，随后的几个月里还进行了多次额外的探测。就在德雷弗以85岁高龄去世的几个月后，巴里什、索恩和韦斯因其伟大的工作而被授予诺贝尔物理学奖。

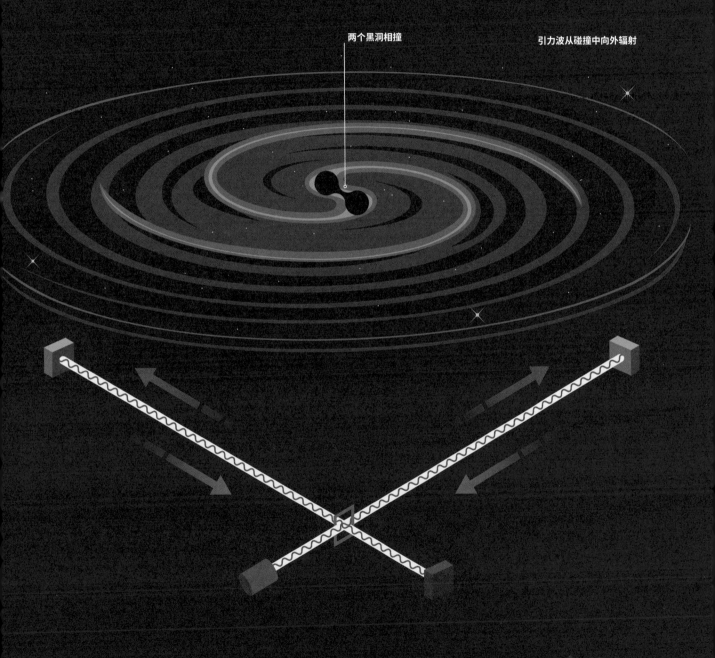

两个黑洞相撞

引力波从碰撞中向外辐射

在遥远的地方，引力波扭曲了地球周围的空间，
并被LIGO探测到

与此同时，在地球上……

惊人的黑洞碰撞事件并未被察觉，地球上的碳基生命继续经历着属于它们的发展故事。

在大约13亿年前黑洞碰撞发生时，我们的星球正处于科学家戏称的"无聊的10亿年"时期——大约长达10亿年的相对稳定期，这段时期地质和生物的变化都非常缓慢。

在这一时期结束后不久，大约6亿年前，古生物学家认为多细胞生命开始在地球上出现。大约同一时间，地质证据表明地球的气候越来越冷，也许是因为火山活动减少导致大气里的二氧化碳含量下降。由此产生的"雪球地球"阶段可能通过自然选择促进了大量的进化，而一旦地球再次变暖，丰富多彩的生命世界得以迅速显现——5.4亿年前的这一时期被称为寒武纪生命大爆发。

几乎所有现今地球上存在的主要类别的碳基生命都可以追溯到寒武纪生命大爆发。不过，在那之后，生命的发展并非一帆风顺。在接下来的历史中至少有五个时期，每个时期都持续了数千年甚至数百万年，大多数物种都灭绝了。尽管如此，生命整体经历了这些大规模灭绝后仍然存在，进化的里程碑也在不时出现。陆生动物和植物在4.8亿年前大规模出现；树木约在4亿年前首次出现；叶子约在3.6亿年前出现；第一批花大约绽放于1.3亿年前。

与此同时，地球本身也在不断演化。在漫长的岁月里，构造活动使得巨大坚固的地壳板块来回移动，类似于潘趣酒碗中漂浮的冰块。当第一个被探测到的双星黑洞碰撞在13亿年前发生时，一个名为罗迪尼亚的超大陆正在形成；到6.7亿年前，它基本上解体了。它的"继任者"潘诺西亚大陆在寒武纪生命大爆发前后解体。最后一个将世界上所有主要陆地集中到一个单元的超级大陆是盘古大陆，它在二叠纪大灭绝后慢慢分裂，留下了我们今天所认识的各个大陆。

化石为我们提供了有关地球遥远过去生命的图景，宝贵但存在着不确定性。与来自遥远星系和类星体的红移光不同，红移光在太空传播过程中基本不会受到影响，而化石与生物体的原始组织结构相比通常会有很大的变化。在化石化过程中，许多柔软或脆弱的生物部分无法得以保留，从而消失在史前时代。

在大约发生于2.52亿年前的二叠纪大灭绝期间，海洋中95%以上的物种和陆地上2/3的物种都灭绝了。地质证据显示，当时发生了大规模的火山活动，喷出的熔岩足以覆盖至少300万平方千米的面积。强烈的火山热量引燃了大量埋藏于地下的植物和动物化石，将其转化为煤炭、石油和天然气，这是有史以来首次出现的全球性化石燃料的燃烧。由此造成的生态灾难，包括极端的气候变化和海洋酸化，给地球上的生命带来了严重的打击，需要数百万年的时间才能恢复。

这是对地球大约在6亿至5亿年前可能呈现的样貌进行的科学重建（见对页）。在漫长的时间里，地球的大陆和海洋发生了剧烈的运动，尽管非常缓慢。

6700万年前

6600万年前

10

17万年前

桑杜列克-69 202成为1987A超新星

一颗蓝色的超巨星爆炸了,创造出现代天文学史上第一颗人类肉眼可见的超新星。

当成为GW150914的引力波脉冲以光速继续向地球进发时,地球、太阳系和银河系继续在它们自己的时间尺度上老化和演变。太阳在围绕银河系中心的圆形轨道上运行,每2.5亿年绕一圈,连带着它的行星、小行星和彗星系统一起旅行。

沿着它的路径,太阳经过了其他处于不同生命阶段的恒星。大多数恒星都比它暗,寿命长且稳定,但也有一些质量巨大、亮度高而不稳定的恒星。还有一些恒星已经完成了它们的演化,达到了终点。中等质量的恒星成为白矮星;高质量的恒星成为中子星;而最高质量的恒星则演化成了黑洞。

不过,与死去的碳基生命体有些不同的是,恒星残骸远不是惰性的、会腐烂的物体。白矮星、中子星和黑洞是由无法存在于地球上的奇异物质组成的,它们仍在积极地影响周围的环境,这种影响有时甚至比它们的原生星在融合氢气产生能量时更加强大。一些恒星残骸会以惊人的速度自转,另一些则拥有极强的磁场和高能喷流,甚至可以从它们产生的能量中创造物质。

因此,地球在自己的星系环境中所能目睹到的威力最强大的事件就是恒星(无论是死亡的还是活着的恒星)的爆炸,这可能并不奇怪。在量子力学和相对论的交叉点上,存在一个特殊的界限,用来界定一颗恒星能否保持白矮星的状态,或者是否会转变成中子星;在这个界限上,恒星的核心和残骸都会发生爆炸,创造出能量巨大的超新星,瞬时亮度甚至超过了银河系中所有其他恒星的亮度总和。以这种方式形成的年轻中子星在旋转时能以灯塔般的光束进行能量脉冲——在非常罕见的情况下,它们会形成双星系统,可以同时产生LIGO探测到的引力波和可见于望远镜的辐射。

幸运的是,诸如恒星爆炸这样的事件没有发生在距离地球足够近的地方,以致摧毁地球上的生命。不过,这并不意味着地球上的生命从未受到宇宙事件的威胁。6600万年前,一个飘浮的太阳系天体撞击了地球。今天,我们称它为奇克苏鲁布撞击,它引发了一场大规模的灭绝事件,灭绝了当时地球上3/4的物种。

数百万年后,一个幸存下来的哺乳动物种将进化成类人猿——我们遥远的基因祖先。然后在大约17万年前,当GW150914脉冲穿过麦哲伦云时,这两个银河系卫星星系中较大的那颗恒星发生超新星爆炸。那场大灾难会导致生命的毁灭吗?可喜的是,不会——更可喜的是,当它的光芒在1987年2月23日到达地球时,我们人类已经进化并做好了充足的准备来认识它是什么,凭借自己的双眼去探究它,无论是自然而然地观察抑或借助现代科学技术。

1054年,天空中出现了一颗新的恒星,位于金牛座的方向。几个世纪后,天文学家发现它是超新星,留下了这个美丽的气态残留物:蟹状星云。

恐龙死亡，哺乳动物崛起

随着多细胞碳基生命在地球上的不断发展，植物和动物的复杂性和体形也在不断增长。

地球上曾经存在过的最大的陆地动物是恐龙，有些恐龙体长30多米，重量超过100吨。唉，大约6600万年前发生的K–PG（白垩纪—古生代）或K–T（白垩纪—第三纪）大灭绝事件，导致地球上75%的物种灭绝，包括所有的大型恐龙。幸存的恐龙进化成了今天的鸟类；而进化生物学家认为，当时幸存的哺乳动物通常都是小而不显眼的生物，它们进化成了新的大型动物，如鲸鱼和大象。

大约在5500万年前，一种被称为灵长类的哺乳动物最早的祖先开始在地球上行走。它们有着卑微的起源，生活在森林中，只有老鼠般大小，后来演化出了一个分支，称为类人猿；2500万年前，类人猿的一个分支演化为猿类。1800万年前，类人猿进化了，在进化中进一步分化出猩猩（1500万年前）、大猩猩（700万年前）和黑猩猩（300万年前）。从那时起到现在，所有其他种类的人科动物都已灭绝，只剩下一种：智人（Homo sapiens sapiens），也就是现在的人类。

地质学家发现了地球曾遭受巨大陨石撞击的直接证据，他们在墨西哥南部海岸的奇克苏鲁布附近的基岩中发现了巨大的环状特征，其直径约160千米，深度约30千米。2016年，一支钻探探险队从海底深处获得了样本，并发现了令人信服的证据。证据表明，一个至少有珠穆朗玛峰那般大小的物体，以每小时数千千米的速度从太空坠落，大约在6600万年前撞击了地球的这一部位，产生了一个巨大的陨石坑。

陨石撞击导致了 K–T 大灭绝的重要证据是一种特殊的岩石层，在许多地方只有几厘米左右的厚度，分布在世界各地。地质证据显示，这种岩石层大约产生于 6600 万年前，含有高浓度的金属铱，它很可能是奇克苏鲁布撞击后迸射到地球大气层的普通岩石，与蒸发的陨石中的金属物质混合在一起，然后多年来陆续落回地球，遍布世界。

人物小传

美国物理学家**路易斯·沃尔特·阿尔瓦雷斯**（1911—1988）是一位开创性的实验核物理学家。他因开发液氢气泡室（一种观察亚原子粒子碰撞产物的方法）而获得了 1968 年的诺贝尔物理学奖。1980 年，他与地质学家**沃尔特·阿尔瓦雷斯**（他的儿子，生于 1940 年）以及美国核化学家**弗兰克·阿萨罗**（1927—2014）和海伦·米歇尔（生于 1932 年）合作发表了一篇论文，描述了恐龙灭绝可能是由一块直径约 10 千米的陨石撞击地球造成的。

恒星的死亡，残存的生命

在恒星的生命中，它们将氢融合成氦，产生的能量向外推送，使得恒星在引力作用下保持平衡。

不过，这些氦并不能像气体一样自由扩散到其他地方。随着时间的推移，氦在引力的作用下逐渐聚集在恒星的中心区域。如果一颗恒星足够庞大，它将经历红巨星阶段，这时氦可以作为核燃料，聚变形成碳，并进一步转化成氮和氧。如果它的质量不超过太阳的8倍，这就是在恒星核心的温度和压力下所能发生的全部核聚变；当恒星死亡时，恒星的大气层会被吹散，留下氦或碳和氧，恒星的外层只有少量的氢。

由于无法承受自身的引力，恒星残骸会被压缩，直到变得极度密集，以至于一茶匙的恒星残骸将重达数千千克。如果不加以控制，它就会坍缩成一个奇点。然而，在达到这个临界点时，量子力学效应发挥了作用：原子被紧密地压缩在一起，恒星内部的电子开始相互推挤。天文学家称这种现象为"电子简并"，它产生的外向压力可以平衡引力的内向力。

这个过程的最终结果是一个炽热的球体，几乎只有地球那么大，还不到恒星原来直径的1%，这就是人们所称的白矮星。它的表面温度可以达到100 000°C甚至更高，经过数亿年的冷却，仍然可能比太阳表面温度还要高。

平均而言，白矮星的质量略高于太阳质量的一半；然而，已知距离地球不到9光年的最近的白矮星是天狼星B（见对页左侧，相对于太阳的精准大小），它的质量几乎等同于太阳质量。顾名思义，天狼星B是天狼星的伴星，从地球上看，天狼星是夜空中最亮的恒星。事实上，很多已知的白矮星都与其他恒星组成了双星系统；如果白矮星的伴星仍然在融合氢，而且这两个天体距离很近，那么这颗伴星的一部分气体可能会流向白矮星，使白矮星的质量逐渐增加。这类双星系统被称为灾变变星，在某些情况下，新吸收的氢会在高温下产生光爆，甚至在白矮星表面发生热核爆炸。这样的闪光被称为新星，恰如其分地描述了一个先前死亡的恒星的新活动。

白矮星的奇特之处在于，由于电子简并的作用方式，它们的质量越大，体积就越小。我们的太阳将在未来大约50亿年后变成白矮星。

SS天鹅座是著名的灾变变星。一颗平均质量的白矮星被一颗低质量的主序星绕行，彼此距离只有地球和月球之间距离的一半。1896年，美国天文学家路易莎·丹尼森·威尔斯发现了它，这是一个"矮新星"系统，一个多世纪以来，它每隔几个月就会爆发一次。

人物小传

奥地利物理学家**沃尔夫冈·泡利**（1900—1958）是1945年的诺贝尔物理学奖获得者。他发现费米子（包括夸克和电子在内的一类亚原子粒子）必须保持自己独特的量子特性，无论有多少个粒子被紧密地挤在一起。泡利不相容原理解释了为什么会产生电子简并现象，使白矮星不至于完全坍缩。

50万年前

Ia型超新星

白矮星的质量越大，它的密度和温度就越高。

如果一个主要由碳和氧构成的白矮星的密度达到水的300万倍以上，并且温度超过5亿摄氏度，白矮星中的碳就会开始融合成更重的元素，如氖、钠和镁。当白矮星的质量达到太阳的1.4倍左右时，就达到了阈值。

双星系统中的白矮星可以从其伴星获得质量。如果果伴星是一颗大型的气态恒星，白矮星就会持续稳定地增加质量，直到它达到碳聚变的阈值。另一方面，如果伴星也是一颗白矮星，这对白矮星会向内旋转并相互碰撞，继而合并在一起，其质量几乎在合并的瞬间超过碳聚变的阈值。

白矮星表面的氢聚变会产生一次强大但有限的爆炸，从而形成一个新星。然而，当碳聚变开始在白矮星内发生时，将引发一连串的链式反应，导致核聚变蔓延遍布整个白矮星。几秒钟内，白矮星中几乎所有的碳和氧都在核聚变的大火中消耗掉了。由此释放的能量比太阳在其整个生命周期内产生的能量还要多，将白矮星炸开，产生了一颗超新星——具体而言，是一颗"1–A"型超新星，简写成"SN Ia"，是白矮星引人注目的最终演化状态。

Ia型超新星的核聚变过程产生了现存于宇宙中的几乎所有铁原子。数十亿年的时间里，铁元素通过这些爆炸传播到整个太空，并被纳入从类地行星的核心到人类血液中的血红蛋白的一切领域。

对于任何白矮星而言，导致碳聚变失控的临界质量是相同的。因此，理论上Ia型超新星在相同的时间内会产生大约相同的能量，并且无论在何时何地发生，都会达到相同的峰值光度。天文学家利用这种"标准烛光"的特性，对遥远星系进行了精确的距离测量。数据显示，令许多人惊讶的是，宇宙的膨胀速度正在加快。因此，Ia型超新星为宇宙间暗能量的存在提供了关键的科学证据。

人物小传

丹麦天文学家**第谷·布拉赫**（1546—1601）对夜空进行了多年的详细观测，发现了行星沿轨道运行的规律。1572年11月，他记录了一颗"在人们的记忆中从未见过的新星"的出现，并对其进行了一年多的深入研究。现代天文学家现在了解到这一事件是Ia型超新星爆炸，发生在离地球约8000光年的地方，它在仙后座的方向留下了一团快速膨胀的气态星云。

1604年10月，另一颗Ia型超新星在银河系爆炸，大约距离在2万光年之外。它被称为"开普勒超新星"，以纪念德国天文学家**约翰尼斯·开普勒**（1571—1630），他是第谷·布拉赫的门徒和继任者，开普勒曾经发表了超过一整年的对该事件的详细观察记录。

一颗白矮星从它的伴星吸积物质

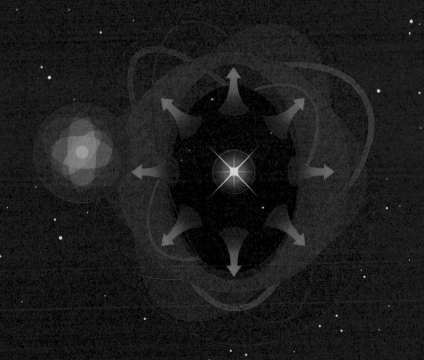

如果它吸积了足够的物质达到临界质量，白矮星将会爆炸，产生
一个Ia型超新星并将其伴星冲击开。

狭义相对论和 II 型超新星

白矮星之所以能够抵御自身的引力，是因为其内部的电子产生了电子简并压力。

白矮星内部的电子越密集，其电子的移动速度就越快，以维持这种压力。1935年，25岁的天体物理学家苏布拉马尼扬·钱德拉塞卡证明，如果这些电子移动得太快，爱因斯坦相对论的特殊效应开始显现，白矮星会因无法抵抗自身的引力而崩溃。

如果一个双星系统中的白矮星从其伴星那里获得了大量物质，继而达到了钱德拉塞卡极限（白矮星的最高质量），会发生什么呢？由于无法支撑自身的重量，白矮星会在几分之一秒内坍塌到其原始体积的十亿分之一。但这种情况通常不会发生，因为在白矮星内引发碳聚变的临界质量只比钱德拉塞卡极限轻了一点点；一旦失控的聚变开始，白矮星就会在 Ia 型超新星爆炸中解体。

然而，在另一种物理系统中，这种坍缩是可能发生的。在比太阳质量重约10倍的恒星的核心处，可以发生碳核聚变。不同于白矮星，这种情况下的能量释放被埋藏在大质量恒星的内部，不会失控。再过几百年——而不是几千或几百万年——碳聚变仍在继续；然后最多再过几个月，较重的元素如氧气开始聚变，然后硅和硫聚变为铁，时间只有一天左右。

当最后一个核聚变过程结束时，强大的引力压缩恒星的核心，核心里的电子几乎都在以光速运动，而且电子简并压力远不足以阻止引力效应。核心坍缩的速度超过 60 000 千米/秒，从地球的大小缩到巴黎市的大小。而一切落在该核心并反弹回来的物质的反弹，会导致另一种大规模的恒星爆炸：II 型超新星。

狭义相对论的一个关键点是，在我们灵活的四维时空内，任何具有质量的物体都无法达到 299 792 458 米/秒的光速。随着物体的运动速度越来越快，越来越逼近光速，就需要更多的能量给它们加速；同时，它们所经历的长度间隔越来越短，而时间间隔则越来越长。人类经历了这些相对论性的长度收缩和时间膨胀，但它们是如此微小，以至于无法察觉。例如，你坐飞机进行了一次跨洲飞行，你的年龄会比地面上的朋友少几十亿分之一秒——这几乎不足以弥补吃航空餐的损失。不过，对于白矮星中的电子来说，结果却是戏剧性的：如果它的质量达到太阳质量的 1.44 倍（我们称之为钱德拉塞卡极限），相对论效应会使其电子失去产生任何额外的简并压力的能力。

一颗 II 型超新星会否造成地球上的生物集群灭绝？天文学家计算过，如果这样一颗超新星在距离地球大约 70 光年的地方爆炸，地球平流层的臭氧层将被剥离达数千年，造成显著但并不完全的生物集群灭绝。发生在 3.59 亿年前的罕根堡事件似乎与这种环境灾难相匹配；然而，目前还没有发现与之对应的超新星遗迹。

人物小传

印度裔美国天体物理学家**苏布拉马尼扬·钱德拉塞卡**（1910—1995）出生于今天巴基斯坦的拉合尔。他在20岁发表了他的第一篇研究恒星内部结构的科学论文；5年后，他发现了白矮星的质量上限，超过这个上限，相对论效应会导致白矮星自我毁灭。在芝加哥大学，钱德拉塞卡度过了他职业生涯的大部分时间，他几乎对理论天体物理学的每个领域都做出过重要贡献。1983年，他被授予诺贝尔物理学奖。

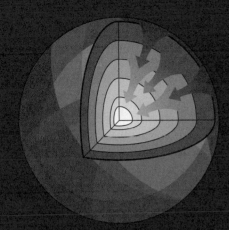

高质量恒星内部坍缩

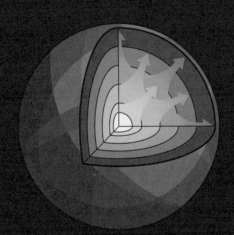

恒星内部在核心坍缩后会发生反弹，
并向外膨胀爆发

恒星爆炸，产生了II型超新星

30万年前

中子星和脉冲星

II型超新星能够产生至少与Ia型超新星一样多的能量。

此外，II型超新星的被压碎、塌陷的核心残留下来，这是一个城市大小的物体，其质量比我们的太阳还要大。在这颗恒星的残骸中，所有的原子结构已经被摧毁，所有的电子和质子都消失了。不同于电子的相互推斥，中子紧密地挤在一起，提供中子简并压力。这就是中子星，尽管按照恒星残骸的标准来看它很小，但在许多方面，它确实像一个巨大的原子核。

在II型超新星中形成中子星的一个显著现象是，原生星中的旋转能量会在超新星爆炸过程中都传递给中子星。就像溜冰者收紧手臂来加快旋转一样，恒星核心的直径收缩得非常迅速和剧烈，以至于中子星能够每秒旋转几十甚至几百次。以这样的高速旋转而产生的磁场，其强度可能是地球磁场的数百万甚至数十亿倍。由此产生的电磁动力能量极高，光子甚至可以自发地转化为物质和反物质的粒子，这些粒子在中子星周围层层叠叠，并形成辐射无线电波、可见光甚至X射线和伽马射线的亮点。每当中子星旋转时，天文学家都能观察到来自它的辐射脉冲。

1054年7月4日，中国天文学家记录了一颗"客星"，它在近一个月内日夜可见。9个世纪后的1968年，美国天文学家确认这颗客星是一颗II型超新星。在超新星的气态残留物蟹状星云的中心，一颗质量比太阳还大的脉冲星正以每分钟1800转的速度旋转，和一辆行驶中的汽车的引擎运转的速度一样快。

中子星的密度与原子核一样高。一茶匙中子星物质的重量约为50亿吨——大约是有史以来存在过的所有人加起来的总质量。如果你把这茶匙物质倒在地上，这一小团物质会毫不费力地穿透地球，地球几乎对其构不成任何阻碍；它穿过地球中心，从另一边出来；停下来，转身，再次穿过地球，达到与你手中茶匙所在高度近似的位置；就这样来回进行，持续数千年之久。

2017年8月17日，激光干涉引力波天文台（LIGO）捕捉到了引力波的"啾啾"声；片刻之后，轨道上的两台望远镜探测到了一个短时标的伽马射线暴。在接下来的几周里，世界范围内以及太空中的70多个天文台发现并观测到这一信号的来源：这是有史以来首次通过其他望远镜探测到的引力波脉冲，它是由距离地球1.3亿光年的两颗中子星的碰撞引起的（见对页艺术家的印象图）。

人物小传

1967年，英国天文学家**乔瑟琳·贝尔·伯奈尔**（生于1943年）还是剑桥大学的一名研究生，她在检查射电望远镜的观测数据时，发现了一个速度飞快、非常有规律的脉冲信号，来自天空中狐狸座方向的某个区域。这种脉冲信号非常有规律，几乎每隔1.3373秒就出现一次。起初，她开玩笑地将其称为"小绿人"发送的外星信号，之后又陆陆续续发现了数个这样的脉冲信号。多年后，人们证实这是一类快速旋转的中子星，并将其命名为"脉冲星"。在她职业生涯后期，她曾担任皇家天文学会和物理学会的主席。2018年，她被授予基础物理学特别突破奖，以表彰她发现了脉冲星以及她在科学界的领导地位。

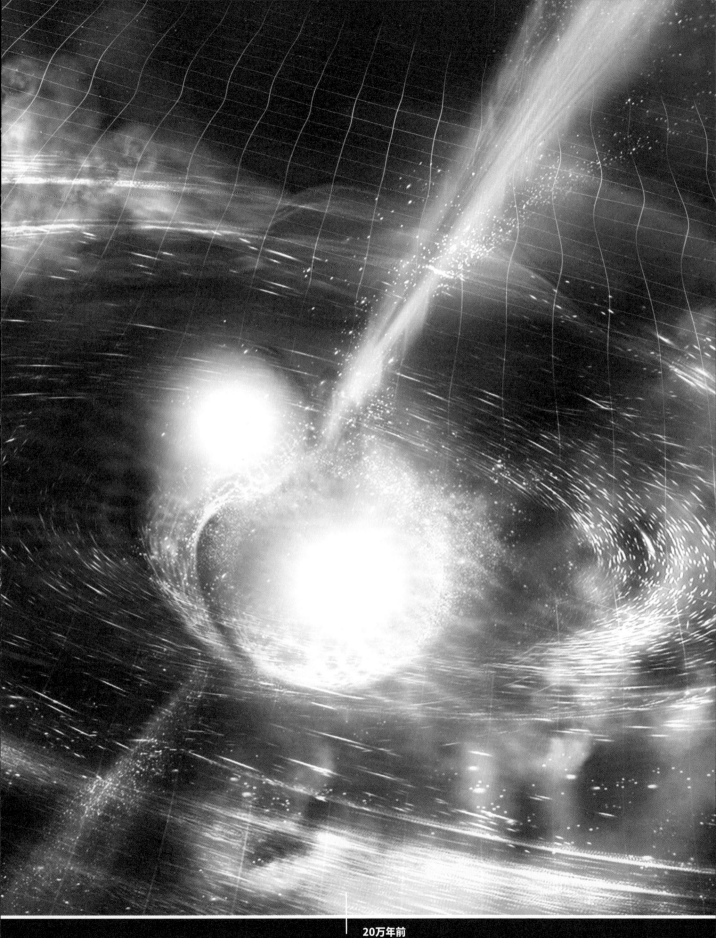

20万年前

麦哲伦云和SN 1987A

在环绕银河系运行的数十个卫星星系中，最引人注目的两个星系从地球南半球用肉眼就可以看到，非常漂亮。

大麦哲伦星系是以首次完成环球航行的斐迪南·麦哲伦（约1480—1521）的名字命名的，距离地球约16万光年，直径14 000光年；小麦哲伦星系距离地球20万光年，直径约7000光年。这两个星系的恒星数量都不及银河系的1%，但因富含冷氢气这种恒星形成的原材料，所以包含了大量年轻的高质量恒星。

将近17万年前，大麦哲伦星系的另一侧出现了一颗高质量的恒星，一颗名为桑杜列克-69 202的明亮蓝色恒星爆发成为II型超新星。当它的光在1987年2月23日到达地球时，智利和新西兰敏锐的天文学家几乎第一时间发现了它——这是近4个世纪以来人类发现的第一颗肉眼可见的超新星。它被命名为SN 1987A，到当年5月，它已经变得和北斗七星中的星星一样明亮。

尽管SN 1987A的亮度在几十年间有所减弱，但它仍然是历史上最重要的天文科学研究资源之一。天文学家通过现代望远镜、电子照相机和太空观测站，追踪这颗超新星的老化和演化过程，能够获得足够丰富的信息，简直可以改写有关大质量恒星的生命周期以及它们如何终结的书了。

在人类首次看到来自SN 1987A（对页照片中的圆圈）的光之前的几个小时，其他天文"眼睛"已经探测到了这颗超新星爆炸。大约20多个中微子神秘地"袭击"了三个不同位置的天文台——一个在日本、一个在美国、一个在俄罗斯，整个过程发生在几秒钟之内。这大约是来自太空的中微子正常探测率的100万倍，也是第一次从除太阳以外的宇宙来源探测到中微子。这些探测结果表明，从超新星爆炸中流出来的中微子所携带的能量，要比坍塌的恒星核心发出的热量和光多出100倍。

人物小传

美国天文学家**亨利爱塔·勒维特**（1868—1921）在哈佛学院天文台工作期间，发现并研究了小麦哲伦星系和大麦哲伦星系中的1700多颗亮度不同的恒星。她发现，一种名为造父变星的特殊变星，其峰值亮度和峰值之间的时间间隔之间存在一种数学关系。今天，描述造父变星周期-亮度关系的勒维特定律，成为测量银河系以外星系距离的关键理论，而测量我们与麦哲伦星系的距离是宇宙距离阶梯中最重要的一环。

罗马尼亚裔美国天文学家**桑杜列克**（1933—1990）专门从事恒星的光谱研究。他曾编制过一份麦哲伦星系中有趣恒星的目录；其中一颗恒星，今天被称为桑杜列克-69 202，是一颗明亮的蓝色超巨星，成为II型超新星SN 1987A。这是科学史上第一颗在其超新星爆发之前，天文学家就已获得相关数据的恒星。

10万年前

11

1969年7月20日

阿波罗11号——人类在月球上行走

"休斯敦，这里是静海基地。鹰号已经着陆。"

在尼尔·阿姆斯特朗和巴兹·奥尔德林从月球表面向地球传送这一信息的几分钟后，他们代表全人类迈出了在我们的天体邻居月球上的第一步。

我们已经了解了宇宙演化、星系演化、恒星演化和行星演化。那人类的演化呢？当然，作为地球上的一种碳基生命，人类个体的寿命甚至远远短于寿命最短的恒星，从这个角度看，我们确实显得微不足道。然而，我们和任何恒星或星系一样，既神奇又平凡，由相同种类的粒子构成，都会受普遍存在于宇宙间的物理现象和规律的制约。因此，通过科学的视角来研究我们在宇宙历史中的位置，确实是对宇宙本身进行的一项有价值的研究。

正如历代恒星因为环境和前体的影响而有所不同，现代人类也不同于我们早期的生物祖先，是受基因和自然选择进化的影响所塑造的。就像恒星一样，人类的进化并不是朝着某种所谓"改进"的方向进行的，而是一种适应不断变化的环境的动态过程。当环境对我们的生命造成威胁时，为了生存我们会做出适应性调整。我们的身体结构，如骨骼、血液、大脑等都随着时间而改变。我们与人类同伴的互动也是如此，几千年来我们的社区和社会也在不断演变。我们学会使用语言进行交流，使用工具进行建设，使用科学和技术进行创造和探索。

到目前为止，人类进化的结果是什么？今天，出于某种我们不能完全理解的原因，我们这个物种的进化已经引领我们来到了历史上一个引人入胜的阶段。与地球上的其他生命形式不同，我们拥有着探索未知、开阔视野的渴望和决心，不会把自己局限于地球家园。凭借着丰富的创造力和技能，我们制造了工具和机器，将想象转换成现实。我们的人类同胞已能踏入一个不属于我们的世界，并安全地回家。若以人类历史为指导，我们的进取不会止步于此。

如果智人继续生存和发展，我们甚至有可能探索地球以外，甚至太阳系以外的世界，真到了那一天，我们也许会破解长久以来萦绕在脑海里的谜团——在那里，在浩瀚的宇宙中，我们能否发现人类以外的生命？迄今为止，尽管我们一直在努力探索，但答案一直很明确——没有。不过，我们还没有在许多我们认为可能存在外星生命的地方寻找过。凭借我们的科学工具和活跃的思维，我们将继续寻找；而在肯定的答案出现之前，我们可能永远都不会停下来。

1969年7月20日，宇航员巴兹·奥尔德林在月球上的鹰号登月舱附近部署科学研究设备。

人类的进化和迁徙

现代人类可以追溯其遗产谱系直到大约300万年前的某个时间点，那时候的古代人类分化成两个进化分支。

其中一个分支是大猩猩属，进化成现今的黑猩猩。另一个分支是南方古猿属，进一步进化成人属，衍生了许多集群生活并能使用石器的物种。其中最成功的物种是直立人（站立的人类），出现在大约200万年前；他们从起源地非洲开始，在接下来的100多万年里迁移到亚洲和欧洲等地。

早期人类物种在进化过程中发生变化的确切时间，是现代科学研究的一个前沿领域，导致人类快速进化的具体时期或事件仍不确定。地质证据显示，大约在78万年前，地球的磁场发生了翻转，标志着地球历史上千叶期（也称为中更新世）的开始。那时候的人类已经开始使用火，成群结队地开展狩猎和采集活动，并照顾他们群体中生病和受伤的成员。

到千叶期结束时，已经演化出多种多样的直立人亚种，包括"爪哇人""北京人""罗德西亚人"和"海德堡人"。其中有些亚种已存续了数十万年。科学界已知的最后灭绝的直立人亚种包括弗洛勒斯人、丹尼索瓦人和尼安德特人。今天所有的人类都属于被称为智人的亚种，即"有智慧的人类"。

人物小传

露西（上图所示为重建模型）也被称为 AL 288-1（约公元前320万年），是生活在现代埃塞俄比亚的早期人类阿法南方古猿物种中的女性成员。她于1974年首次被发现，此后，她的骨骼化石约有一半被复原；她用两条腿走路，身高刚超过1米。**图尔卡纳男孩**（KNM-WT 15000，约公元前160万年）是一个年轻的男性智人，其几乎完整的骨架于1984年被肯尼亚考古学家**卡墨亚·基缪**（生于1939年）发现。

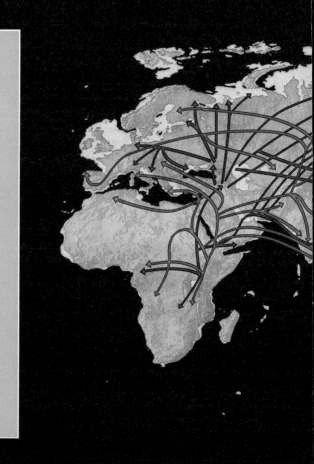

智人是具有探索历史的迁徙动物。我们最早的祖先出生在非洲；100多万年以来，古人类的群落随着迁徙得以在世界各地建立。在不同的地质时期，当海洋水位较低或陆地桥梁形成的时候，人类能够从亚洲步行甚或乘短途船到澳大利亚（4万多年前），也能以这样的方式从亚洲到美洲（至少1.4万年前）。时至今日，全球范围内的移民仍在继续，有些人甚至在太空生活了很长一段时间。

遗传学研究表明，大约在过去10万年间，早期人类的相关物种之间经常发生杂交。今天，所有来自非洲以外的人类种群都有来自尼安德特人的某些基因，据估计，今天的人类基因组大约有5%源自古人类。物种的定义通常是根据生物体的解剖结构和遗传信息的相似性进行划分的；因此，就像有不同头发或肤色的人都同样是人类一样。例如，可能有不同数量的手臂、大腿、手指或脚趾的人也是人类。

许多人类种群携带的遗传标记可以一直追溯到人类的非洲出生地。地图上的箭头代表了基于DNA证据推测的人类迁移路线：蓝线来自Y染色体标记（由父亲传给儿子），红线来自线粒体DNA标记（由母亲传给子女）。智人的一个分支大约在10万年前离开了非洲，并逐渐迁徙到世界各地。

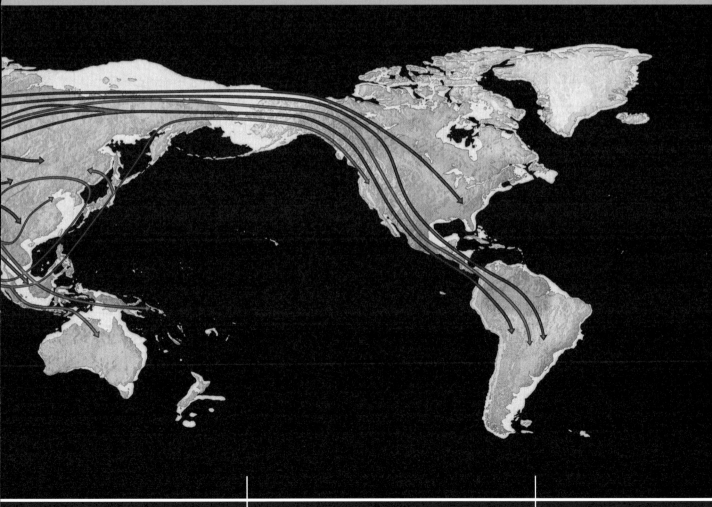

社会和文明

到大约2万年前，人类已经在世界各地建立了原始部落。

每个早期的人类部落都通过适应他们所处的环境而生存和繁衍。在世界的某些地方，那里的人类专门发展出某些特定的技能或活动，并创造出相应的工具来支持这些活动，从而增强其生存能力，这对他们来说是有利的。

大约在1.5万至1万年前，尽管大多人类部落仍以狩猎和采集为生，但已有少数群体开始驯化动物进行劳作，以确保更可靠的食物供应，如亚洲的猪、羊和牛，美洲的美洲驼、羊驼和豚鼠。大约在同一时间，其他群体开始种植可食用的作物，如小麦、豌豆、小扁豆和水稻（在美国还有土豆）。随着人类开发出越来越多的工具来辅助工作，他们也开始为了娱乐开发工具，一种在动物种类中不常见的活动开始在人类群体中出现：人类开始从事艺术创作，如绘画和音乐等，这些创作活动有助于更好地传达事物和思想，增进了人与人之间的联系。

许多科学家认为，与其他动物物种相比，复杂的口语和书面语言的发展使人类能够更快地适应各种环境和变化。然而，人类何时开始使用语言，一直是一个几乎无法解决的科学问题（除人类外，我们还不确定其他动物是否也在用语言进行沟通）。我们所知道的是，早期文字大约在8000年前就已经发展出来了，而个别人类文明在5000年前就已发展了成熟的书面语言。得益于此，人类能够详细记录他们的见闻并传承给后代，超越时间和空间的限制，一个不断丰富完善的知识体系得以建立。

数千年来，随着人口的增长，人类社群逐渐发展出了一些行为准则，旨在提高至少部分社群成员的生存机会。与其他社会性动物（如倭黑猩猩或蜜蜂）一样，人类个体可以学习专业技能，帮助他们在社会中扮演有用的角色。不过，在地球上的动物物种中，智人似乎具有独特的灵活性，每个人都有学习能力，可以做各种各样的工作，整个社群都可以从每个人的专长和努力中受益。

人物小传

比利时裔澳大利亚考古学家**安德烈·罗森菲尔德**（1934—2008）是两位物理学家**伊冯·坎布雷西耶**（1911—1988）和**莱昂·罗森菲尔德**（1904—1974）的女儿。安德烈获得了地球化学博士学位，在其职业生涯中，她将自己的学术训练开创性地应用于史前洞穴艺术和岩画的科学研究、欣赏和保护，特别是1万多年前早期澳大利亚人创作的岩画。

1799年，一位法国军官发现了一块刻有埃及象形文字、古希腊文字和古埃及德莫特文字的石头。虽然英国医生和物理学家**托马斯·杨**（1773—1829）从1813年开始对它的翻译取得了重大进展，但这块石头上的内容多年来一直是个谜。法国语言学家**让-弗朗索瓦·商博良**（1790—1832）完成了罗塞塔石碑的全部翻译工作，打开了通往古埃及惊人历史的大门。

大约在公元前3200年，美索不达米亚出现了楔形文字，这是一种精雕细刻在泥板上的书面语言（对页中右图），而象形文字——结合了图片和字母符号——在埃及出现了。人们阅读这些语言的能力已经丧失了几个世纪，后来在19世纪被语言学家重新找回，他们运用密码破译方法来解读这些文字。

1万年前   5000年前

科学、技术和社会

很难说清人类是从什么时候开始考虑自己的未来的。

除了所有基于DNA的生物体都有的基本活动，如生存和繁殖，人类发展技术和将其用于长远规划的起源至今仍是个谜。我们可以肯定的是，它确实发生了，而且人们应用科学知识制造生产了新的工具和材料。大约在5000年前，有些人类社群学会了如何产生足够热的温度来提炼铜、锡等金属矿石，然后将它们冶炼成青铜——一种坚硬且耐用的制造工具的材料。20个世纪后，其他群体开始提炼和铸造铁——一种更坚硬的金属。随着时间的推移，这样的材料被越来越多地用于艺术和实用目的。社群发展为社会，形成了专业化分工和协作的模式，不同地区的人类群体也逐渐形成了特定的社会规范。

随着社会发展得越来越复杂，人类的数量达到数百万时，安排和协调这种分工与协作的模式变得越来越重要。这种需求推动了历法的发展，人们认识到天体的运动和模式是标记时间流逝的绝佳方式。在人类探索周围世界和宇宙的过程中，科学学科的前身开始发展。最终，天文学取代了占星术，化学取代了炼金术，而数字占卜术和迷信观念则被数学和物理学所取代。

法老图坦卡蒙（约前1342—前1325）被制成木乃伊，埋葬在尼罗河对面的古埃及城市底比斯（今卢克索）的帝王谷。与他一起下葬的是一把由陨石雕刻而成的铁镍匕首。在图坦卡蒙墓里的古物中，还有一个用雪花石制成的莲花状圣杯，上面刻着铭文："愿你灵魂永生，愿你得享无尽岁月……面朝北风，目视幸福。"

历史上，不同地区和文化的人们都会利用地球与宇宙的关系来测量时间和划定日历。例如英国的巨石阵，估计建于公元前3000年至公元前2000年，可能被用来确定季节和预测日月食。其他古代建筑，如埃及和中美洲的金字塔或亚洲的宗教寺庙，都是在对太阳、月亮、星星的运动和位置有着深刻认识的基础上建造的（如印度拉贾斯坦邦斋浦尔的简塔·曼塔天文台）。

人物小传

美国人类学家**玛格丽特·米德**（1901—1978）是研究人类文化与个体行为之间联系的先驱。20世纪初，她在南太平洋实地考察时注意到，男性和女性在社会中所扮演的角色，并非由各自不同的生理结构决定的，而是由其所在社会的环境和文化因素决定的。她的观点和主张在当时的欧美社会引起了巨大的争议；尽管如此，她因对社会科学产生深远影响而被追授总统自由勋章。

人类进入太空并前往其他世界

到了2000年，人类正以相当大的努力去研究和理解其所生活的宇宙。

中世纪时，一些重要的天文观测站在世界各地建立，例如中国的登封、波斯的马拉格和北欧的乌拉尼堡等。然后在1610年，意大利天文学家、科学家伽利略（1564—1642）出版了《星际使者》（*Siderius Nuncius*），详细介绍了他使用一种新开发的科学仪器望远镜所进行的天文观测。

伽利略的观察结果显示，太阳系中的卫星和行星并不是超自然的实体或深不可测的光点，而是自成一体的完整世界。毫不奇怪，人类满怀期待，有意访问这些新世界。然而，我们如何才能前往那里，更不用说能否安全返回地球呢？

探索的过程虽然缓慢，但可以肯定的是，利用科学和技术，人类开发出了实现这一目标所需的工具。基于火药的火箭最早是由中国发明家在700多年前发明的。几个世纪后，有远见的发明家，如达·芬奇（1452—1519）和康拉德·哈斯（1509—1576）开始构想能够由人类控制的飞行器和液体燃料火箭，可以把人载到天空。距离实现这个梦想还有几个世纪的历程，但在宇宙的时间尺度中仅仅是一瞬间。1969年7月，三名人类离开地球母亲的怀抱，前往月球；其中两人走到了月球表面，最后三人都平安返回地球。

从1969年到1973年，共有12人在月球上行走过。花费精力和资源将他们送上月球的人类社会后来不再增派人员，而是使用成本更低、不会危及人员生命安全的遥控机器去探索地外世界。不过，如果人们较之前更加重视探索太空，并且有足够多的人认为这是值得努力的，那么总有一天，就像过去登月那般，人类将再次踏入其他星球。

人物小传

俄罗斯教师**康斯坦丁·齐奥尔科夫斯基**（1857—1935）、法国飞行员**罗伯特·埃斯诺-佩尔特利**（1881—1957）和美国物理学家**罗伯特·戈达德**（1882—1945）各自先后提出了理想火箭方程，表明在给定条件（包括火箭的质量、排气速度和携带的燃料量）下，火箭可以获得多少速度。戈达德还设计并试飞了世界上第一枚液体燃料火箭，开创了40年后将人类送上月球的技术。

1903年12月17日，美国发明家奥维尔·莱特（1871—1948）和威尔伯·莱特（1867—1912）驾驶他们的"飞行者一号"，首次以引擎为动力，在大气中可以自主控制飞行方向和速度，成功飞上了蓝天。2021年4月19日，美国航空航天局的工程师们用"机智号"火星直升机进行了人类历史上首次在另一个行星表面的飞行。"机智号"上装有一小块"飞行者一号"的机翼织物，以纪念这一历史传承。

Première Montgolfière, sans passagers
4 Juin 1735

1750年

1969年

我们是孤独的吗？

在对宇宙进行的所有首次科学探索中，我们迄今尚未发现地球以外存在碳基生命。

因此，我们还没有成功回答人类长期以来一直在思考的两个问题：地球是宇宙中唯一存在生命的地方吗？我们人类是不是宇宙中唯一具有自我意识，能用语言交流且富有想象力的物种？

我们的认知局限性无疑是我们获得所寻求答案的一大障碍。即便是地球上的碳基生物，我们的了解也很有限，考虑到宇宙的无数世界中可能存在的无数可能性，如果我们遇到了地外生命，能否认出它吗？事实上，恒星和行星是否应被视为有生命的东西？也许，就像数以万亿计的微生物已经进化到与人体共存那样，地球本身可能也是有生命的，我们人类可能还不具备足够的科学手段和认知能力，无法与它开展有效对话。

尽管有这样的挑战，人类还在努力寻找其他星球存在生命的科学证据。从20世纪60年代开始，我们将"维纳号"着陆器送往金星表面，并于1976年将"维京号"着陆器送往火星表面。在随后的几十年里，我们向木星及其卫星发送了"伽利略号"探测器；向土星发送了"卡西尼号"探测器，派"惠更斯号"探测器飞往土星最大的卫星土卫六；派"旅行者II号"飞越了天王星和海王星；甚至派"新视野号"探测器飞过矮行星冥王星及其五个卫星。我们还将灵敏的射电望远镜对准附近的恒星和系外行星，仔细聆听可能揭示出存在像人类一样处理语言或数学的生物的无线电信号。

到目前为止，我们还没有发现任何存在地外生命的证据。尽管如此，我们依然坚定不移，继续运用新的工具和富有想象力的技术进行搜索。在过去几年里，火星探测漫游车发现了证据，表明数十亿年前火星上的条件可能有利于活体微生物的生存。此外，天文学家已经发现了数千颗系外行星，其中有几颗与地球具有相似性，它们可能孕育着我们所知道的生命。

探索还在继续，我们有理由感到乐观，总有一天我们会探测并接触到地外生命。毕竟，自然法则在宇宙的任何地方都以同样的方式运作——而我们存在于此。

人物小传

美国天文学家**卡尔·萨根**（1934—1996）对火星的维京任务和科学探索地外生命做出了重要贡献。1980年，他主持了一档很流行的科普电视节目《宇宙》，并在其有生之年成为世界上最重要的大众科学普及者。

美国天文学家**南希·格雷斯·罗曼**（1925—2018）对银河系中与太阳相似的恒星进行了重要研究。1959年，她在《天文学杂志》上发表了一篇文章，描述了一种在地球大气层之外使用望远镜进行观测的方法，以寻找"其他太阳的行星"（意指这些行星绕着与太阳类似的恒星运转）。几年后，她协助NASA创建了空间天文学计划，并担任该机构的首席天文学家，并为今天轨道太空望远镜的构建和应用奠定了基础。NASA的下一个重要的太空望远镜就是以她的名字命名的，旨在拍摄宇宙的广域红外图像，以识别和研究系外行星。

在太阳系中寻找生命。对页上图显示了木星的卫星欧罗巴上的彩色条纹，暗示着其冰壳下存在生命的可能性；下图是2021年4月6日毅力号探测器在火星上的马赛克"自拍"。

12

宇宙的未来

从现在到宇宙时间的尽头

感谢天文学，我们可以科学地预测我们可观测宇宙的可能未来。

几千年前，在人类尚未发展出科学技术和先进设备时，我们对未知事物充满好奇，试图利用我们所拥有的工具和资源去理解它。无论天上地下，通过观察总结自然界的规律，我们很快获得了预测未来的能力，比如什么时候适合打猎和捕鱼、什么时候种植农作物能大获丰收，以及冷暖季、雨季或旱季会在什么时期出现等。

我们的祖先为确定具体事件发生的确切时间做出了很多努力，尽管方法显得粗糙，但多年来，宇宙中不断重复的自然过程和现象，为他们提供了足够多的数据和信息，这才创造了我们今天所知的文明。这些自然过程和现象似乎特别可靠；虽然判断明天的天气是多云还是晴朗仍具挑战性，但我们能够准确地说出白天何时开始与结束，正午时分的太阳有多高，甚至月亮何时升起以及它样貌如何。无论我们的生活发生了什么变化，宇宙似乎总是保持稳定和不变，傲然独立——也许，甚至是超自然的或神圣的。

今天，我们的知识体系更加完备。当然，在浩瀚的宇宙中仍有许多未知之事，如果我们就此停止探究新知，并简单地把解释不了的事物定性为不可知，那就太轻率了。然而，正如科学探索一直向我们展示的那样，发现的过程不可避免地会带来新的问题。我们目前知道的是，在接下来的数百万年里，我们所在的宇宙空间大体保持不变。然

后，在很久之后，由于太阳辐射的亮度越来越强，地球表面将不再适宜维系生命。然后，太阳将死亡，而与此同时，银河系将与仙女座星系相撞。再然后，天空中的星星都将熄灭。再往后的事情，我们就不太确定了，但我们认为宇宙中所有的原子和分子将彻底湮灭，每个黑洞都会消散于虚无之中。

宇宙历史按照这个顺序展开，我们有多大把握？具有讽刺意味的是，我们最难准确预测的未来部分恰恰就在眼前。就像我们的祖先可以预测季节但不能预测天气一样，我们知道数百万年后地球会发生什么，但无法准确预测下个世纪会发生什么。轻率地跳过我们眼前的不确定性，至少在宏观层面，我们可以以合理的信心展望数万亿年的未来。然后，当我们真正进入遥远的未来时，我们的水晶球又变得模糊起来，至少在进行更深入的科学研究前，我们有望解开一些目前还存在的宇宙谜团，包括质子衰变、霍金辐射、暗物质和暗能量等。

也许关于未来最好的消息是，根据我们目前的计算，宇宙将继续膨胀。这意味着在我们不断探索了解宇宙的过程中，我们可以承受得起坚持和耐心，因为我们拥有足够的时间。但不利的一点是，对于某些谜题，这些时间可能还远远不够。

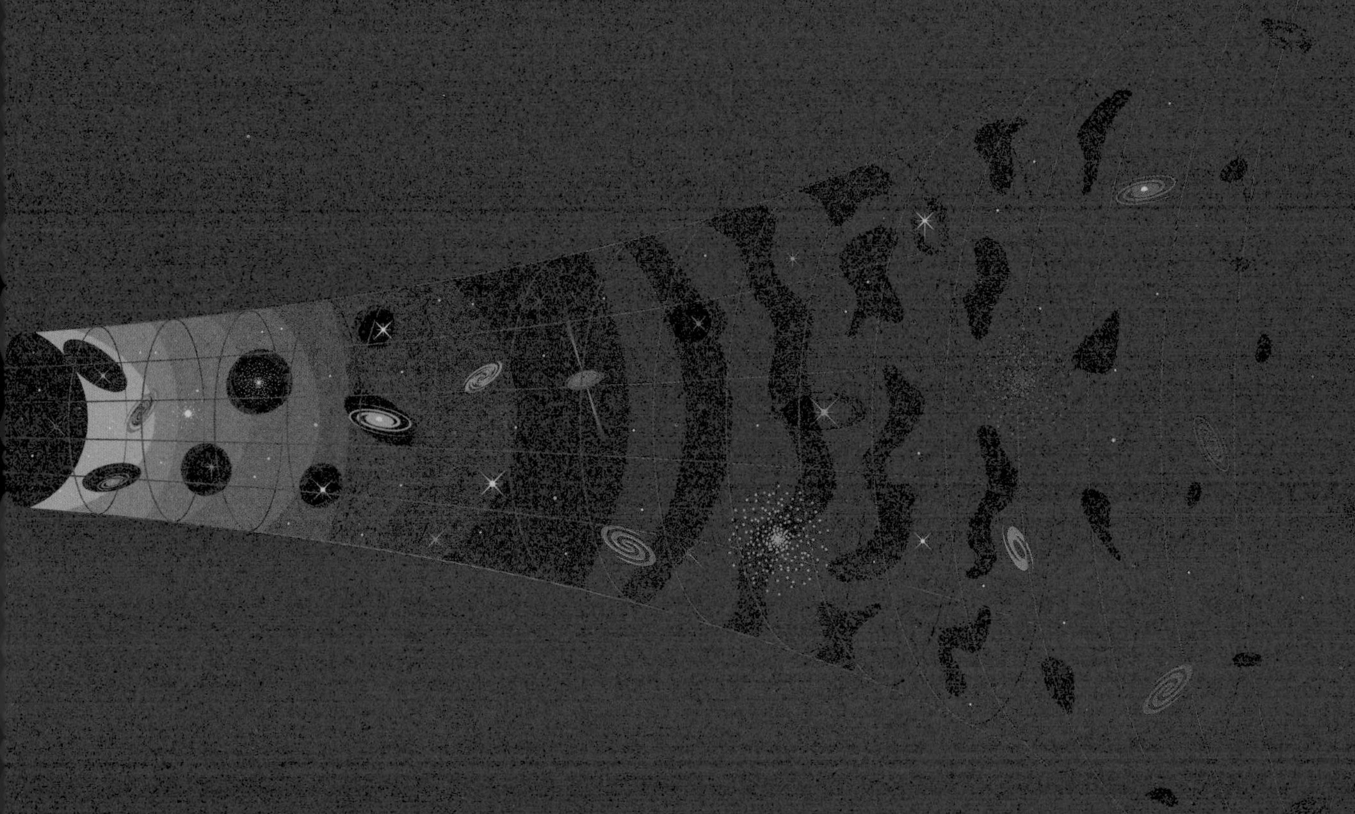

人类的未来

人类的进化把我们的物种带到了宇宙历史上一个令人着迷的时刻。

地球上的生物首次拥有能力离开其原有的生态系统——去地球以外的环境生存，不受原有进化环境的限制。同时，这种生物也可以引发大规模的物种灭绝事件，将其自身物种的每个成员都消灭殆尽——不是在数年或数千年内，而是在几年甚至几天内，无论它是不是有意这么做。

人类已经展示出了自然界其他生物所不具备的显著特征：我们这个高度社会化的物种中的个体几乎可以选择任何行为方式，而不受其他成员的影响。更令人惊讶的是，这种能力并没有削弱人类的生存前景，反而强化了；创造力和想象力，与制造使用器械的不可思议的能力相结合，使人类能够实现个体无法完成的事项。

得益于科学和技术，人类可以治愈疾病，提高了大多数人的生活质量，并首次享受了探索宇宙的乐趣。可悲的是，同样的科学和技术如果使用不当或不慎，也会造成巨大的伤害，不仅危及我们自己，而且由于我们与地球复杂的生态系统息息相关，还可能危害地球上的所有生命。人类迄今为止还没有灭绝，如果我们继续了解宇宙的运作模式，并谨慎运用这些知识，同时考虑到我们对世界、对他人和集体应有的责任，我们这个物种就有望在未来很长一段时间内生存和繁荣下去。

人类可能已经具备了必要的知识来防范大规模灭绝的威胁。发生在大约6600万年前的K–T大灭绝，是由一颗直径约为10千米的小行星或彗星的撞击引发的。如果做好了充分的准备，天文学家可以探测到类似那样的潜在撞击物，并可能将其无害地转移到远离地球的地方。人类是否会携手共进，投入足够的资金、技术和努力，以防止未来可能的大规模撞击事件，还有待观察。

就目前来说，保护和改善我们在地球上的生活环境要容易得多，但向外看，寻找人类宜居的地外世界，可能会增加人类在面对行星灾难时的存活率。科学家估计，通过一个世纪的精心策划和深入思考，人类或许能在月球或我们的近邻火星上建立可持续的生活社区——不是作为殖民者，而是作为谦逊的移民和探险者。

在过去的两个世纪里，人类对地球造成的影响超过了任何其他物种，其中一个主要因素是大规模使用化石燃料，产生了大量的二氧化碳（CO_2）。到1950年，地球大气层中的CO_2浓度达到了至少80万年来未有的程度；而在过去70年中，CO_2浓度又增加了40%。过量的CO_2所造成的影响意味着，与我们祖父母的时代相比，现在大约有1亿颗原子弹的热量在空气中流动。

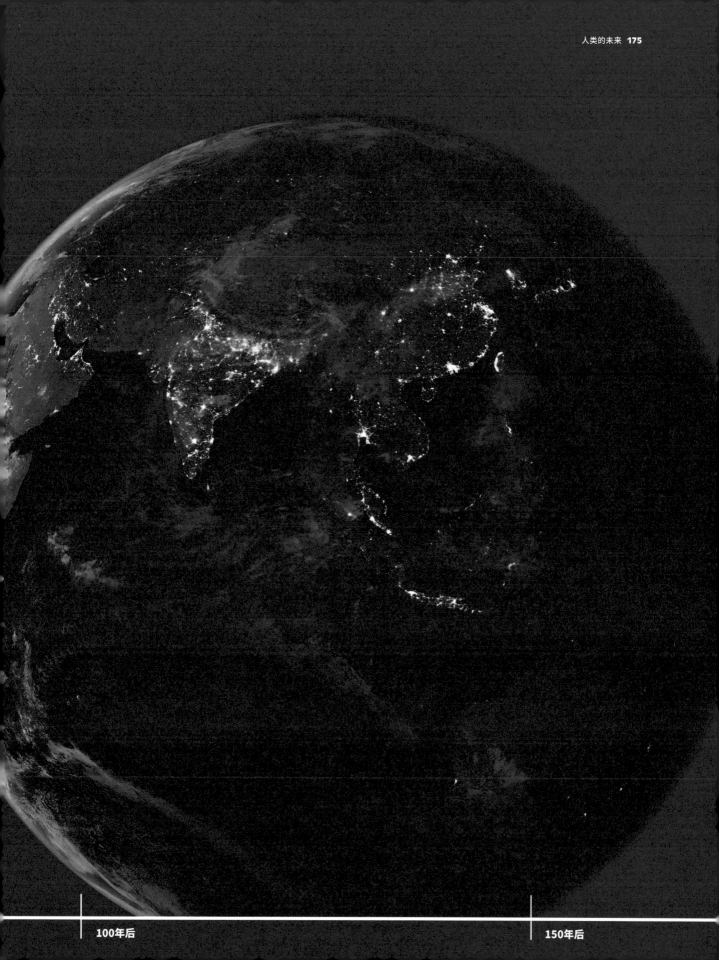

100年后　　　　　　　　　　　　　　　　　150年后

太阳的终结

以人类的标准来看，太阳的恒常性非常了不起。

在所有有记载的历史中，每年到达地球的太阳能总量的变化幅度从未超过1%。这对我们的生存和总体福祉来说当然是件好事；然而，情况并不总是如此，在遥远的未来也不会一直保持这种状态。

自从太阳开始核聚变以来，它的亮度一直在以每百万年约0.006%的速率增加。幸运的是，对地球上的生命来说，过去从地球内部散发出的热量比现在多得多，因为地球形成时的热量逸散到大气层并进入太空。因此，太阳的逐渐升温平衡了地球的缓慢冷却，使地球表面的气温和环境保持相对稳定。过不了多久，这种平衡将被打破，地球会变得越来越热。以目前的速率计算，地球的海洋将在10亿至20亿年后蒸发殆尽，地球上的生命也将无法生存。

30亿年后，地球的存在将受到太阳的威胁。太阳的主序星寿命将告结束，当它的内部过程适应这一过渡时，它将膨胀到当前体积的100万倍，成为一颗红巨星。它的半径将增长100倍，吞噬并焚毁水星，而后以炙热的温度和强大的太阳风近距离轰击金星、地球和火星。大约在成为红巨星的10亿年后，太阳会释放掉外层大气，形成一个行星状星云，这个过程会释放极高的能量，任何残存的地球遗迹都将遭受毁灭。最后，太阳会暴露出其炽热的白矮星核心。

太阳黑子是太阳外层的巨大磁暴，可以持续数周，通常超过我们地球的大小。强烈的太阳黑子活动与较高的太阳辐射量相关，当太阳物质被抛向地球时，会影响到地球的磁场和大气层，从而引发极光现象。

太阳和地球的末日不一定会导致人类的灭绝。虽然10亿年可能只是宇宙时间的一个短暂的间隔，但它比智人作为生物物种存在的时间还要长几千倍；事实上，10亿年前的今天，地球上进化程度最高的生物体只有一个细胞。如果在地球表面被烤干时人类仍然存在，那时生物进化和技术进步的结合几乎肯定会使我们遥远的后代躲避高温。

3 000 000 000年后

银河系和仙女座星系的碰撞

随着太阳接近其主序星寿命的终点，在太阳系周围，一场更宏大的宇宙灭亡事件就要开始了。

太阳系所处的银河系，一直在以25万千米/时以上的速度稳步向仙女座移动。在那里，比银河系更大的旋涡星系——梅西耶31，也就是仙女座星系——正坐在银河系的行进路径上等待着。

在这两个星系实际接触之前的数百万年，碰撞的影响就开始显现了。就像月球的潮汐力轻轻地将地球上的海洋从海底拉开一样，银河系的前缘将会比它的后缘更快地靠近仙女座。随着星系的撞击，一条长达数千光年的尾巴将向外延伸，形成无数类似于潮汐引起的回路、环状和流动的现象。最终，它们将融合成一个单一的、混乱的椭圆星系系统。整个碰撞过程将持续10亿年以上。

尽管银河系和仙女座星系以极快的速度相撞，但它们是那么庞大，以至于在它们的旋臂首次接触后，它们的星系中心将在1亿年后才会彼此擦肩而过。同时，每个星系中的恒星之间的空间是如此广阔——想象一下温布尔登的一个网球飞过罗兰·加洛斯的另一个网球——它们会像两群巨大的蜜蜂一样飞过彼此。不过，这些恒星无须接触，它们所处的太阳系也会受到破坏；各个方向上的引力差异可能会扰乱几乎每颗行星和卫星的轨道，要么把它们赶进太阳，要么把它们甩出星际空间。

目前无法知道银河系与仙女座星系相撞时，太阳及其行星的命运如何。不过，天空中的景象肯定会很壮观，而不仅仅是因为周围所有的星星都在流动。星系中冰冷的星际气体云将汇聚在一起，发出冲击波穿过对方。横贯天空的发光冲击锋将穿越云层，触发它们的坍塌，并引发新星的诞生。这场星际灯光秀应该会持续数百万年。

2017年，一个1000米长的物体穿越了我们的太阳系，在夏季以高速翻滚而来，在晚秋时分飞离。它被命名为"奥陌陌"（夏威夷语，意为"侦察兵"），可能是一颗小行星，数百万年前由于与另一个恒星近距离的引力影响，它被抛离了原来的太阳系。

人物小传

1924年，美国天文学家**埃德温·哈勃**（1889—1953）利用勒维特的周期－光度定律测量了仙女座星系的距离。他使用加州威尔逊山上的2.5米胡克望远镜，测量了他在仙女座发现的造父变星的特性，表明它距离地球超过100万光年。因此，像银河系一样，是一个充满数十亿颗恒星的巨大星系。

仙女座星系（M31）目前距离地球约 2 200 000 光年。和银河系一样，仙女座星系也有一些较小的星系围绕着它运行，包括矮椭圆星系梅西耶 32 和三角座螺旋星系（M33）。银河系、仙女座星系和它们的卫星星系共同构成了天文学家所说的"本星系群"，尽管银河系和仙女座星系互相靠近，它们作为一个整体仍以超过 50 万千米／时的速度向处女座方向移动。下面的图像显示了我们的夜空在 37.5 亿年后可能出现的情况——仙女座星系靠近并引起潮汐效应，扭曲了银河系的形状。

原子解体和黑洞蒸发

根据广义相对论的描述，空间和时间是在一个广阔而灵活的四维结构中彼此联系的。

以这种结构为基础，标记宇宙时间流逝的最基本方式，也许是观察自大爆炸以来宇宙持续进行的膨胀。但是，运用这个时间尺度，我们可以预测多久的未来呢？换句话说，宇宙会一直膨胀下去吗？

25年前，天文学家终于获得了回答这个终极问题所需要的高度精确的观测数据。仔细测量宇宙中我们所处的这一区域的膨胀速度，再加上对宇宙中物质数量越来越可靠的计算，证实了宇宙膨胀确实会无限期地持续下去。因此，问题转移了：随着时间走向永恒，宇宙中的物质会发生什么呢？

目前正在发生的熟悉事件将首先结束。银河系、恒星、行星和生命的诞生都取决于是否有足够的原材料来构造它们。当所有可用的气体原子和可以用作燃料或饲料的尘埃颗粒被耗尽时，新物体的形成将停止。现有的物体将度过它们的生命，宇宙将渐渐变得黑暗。最好的科学估计显示，宇宙中的大部分气体仍然可用，而在恒星熄灭之前，宇宙将持续存在至少 10 000 倍于当前年龄的时间。也就是说，还有 1000 兆年的时间。

恒星终结后，宇宙中的剩余物质将主要由恒星残骸组成：褐矮星、白矮星、中子星和黑洞将在曾经遍布恒星的宇宙中出现。它们会存在多久呢？根据粒子物理学的主要理论，构成它们的质子会发生衰变，而这些残骸本身也会瓦解。不过，质子衰变还没有得到实验证实。即使它真的发生了，我们也无法在未来至少 10 亿兆兆年后察觉到它的影响。

那么黑洞呢？它们会是宇宙结构的最终表现形式吗？即便是这些寿命最长的物质也可能会消失。理论计算表明，在几乎无法估量的漫长时间里，只有少量的辐射能从黑洞中渗出。一个质量与太阳相当的黑洞，需要大约一兆兆兆兆兆兆年才能完全蒸发掉。超大质量黑洞，比如位于梅西耶 87 星系中心的黑洞，其质量超过了 60 亿个太阳，至少需要比刚才那个时间还要长一兆兆倍的时间。在纸上写下 1 个数字 1，然后在它后面写上 100 个 0；这大致就是所有宇宙中的黑洞蒸发所需的年数。

哈勃太空望远镜最初被设定的关键科研目标之一是在 2000 年实现的，当时由加拿大人温迪·弗里德曼（生于 1957 年）、美国人罗伯特·肯尼科特（生于 1951 年）和澳大利亚人杰瑞米·莫尔德（生于 1949 年）领导的国际天文学家小组对银河系外的造父变星进行了迄今为止最精确的测量。他们利用描述造父变星的周期－亮度关系的勒维特定律，测量了宇宙膨胀的速度，并表明它可能会永远持续下去，直到未来。

迄今为止，在 21 世纪的大部分时间里，物理学家一直在使用位于日本岐阜县的超级神冈探测器来寻找质子衰变的迹象。在未来的十年里，一个名为"顶级神冈探测器"的升级版设施将开始运行，其灵敏度将提高 10 倍左右。

人物小传

英国天体物理学家**斯蒂芬·霍金**（1942—2018）将量子理论应用于黑洞的研究。他表明，能量可以非常缓慢地从黑洞中渗出，逐渐减少其质量和大小，导致黑洞最终消失。

暗能量和（可能）时间的结束

宇宙中的每一个物体都消失了。宇宙在终极的、完美的寂静中继续运行。或者，不是。

直到20世纪末，天文观测表明宇宙将永远膨胀时，理论模型预测了这样一种可能性：如果宇宙中有足够多的暗物质，宇宙膨胀最终可能放缓、停止和逆转，并导向"大坍缩"——一种反大爆炸的情景——宇宙将消失在一个黑洞般的奇点中。这种情况下，在宇宙收缩期间，测量宇宙时间流逝的常规方法将反向运行。也就是说，我们都将在时间上倒退。

尽管"封闭宇宙"已被科学数据排除，但宇宙的最终命运可能更加令人吃惊。数十亿年来，宇宙膨胀的速度一直在缓慢但可测量地上升。此外，就像一个充气的游泳圈，宇宙应该会随着膨胀而改变其形状，但实际上并没有这样——在整个宇宙中，长、宽、高的维度没有发生任何扭曲。用天文学术语来说，时空的几何形状是平的。

令人惊讶的是，这些测量结果意味着宇宙中超过2/3的能量一直推动着宇宙膨胀，并促使膨胀越来越快。与热能和光等我们熟悉的能量形式不同，这种巨大的"暗能量"似乎不会与物质相互作用；然而，在空间中，它的存在密度甚至比宇宙学意义上的"暗物质"大三倍，而暗物质总量比普通重子物质要多五倍。如果我们把这一切加起来，就会发现，宇宙中只有5%的物质和能量是由我们目前在科学上理解的东西组成的。

这一切意味着什么？人类的科学探索迄今已经取得了相当大的进展。对于生存在一个普通的星系圆盘内，绕着一颗普通恒星旋转的岩石行星上的具有唯一性的碳基生物而言，我们已经了解了大量关于宇宙历史、我们在其中的位置以及在遥远的未来将发生什么等方面的知识。尽管如此，在所有黑洞、恒星、行星和质子都消失之后，即使宇宙看起来相当寂静和幽暗，宇宙中95%的物质很可能仍然存在，而这些物质对我们来说仍然是完全神秘的。暗物质和暗能量是否蕴藏着潜力，可以照亮那个寂静幽暗的世界？或者，正如大爆炸后的瞬间物理对称性破缺，引发了今天所有事物的创造和诞生，那时的条件是否会催生一个新的甚至更令人惊奇的宇宙时代？

我们的穿越之旅已到达宇宙时间的尽头。每一次旅程的结束，都预示着一个新冒险的开始。我们的科学好奇心、创造力和智慧将引领我们前进。令人惊叹的发现正等着我们！

我们都在时间的维度上向前推行。有什么东西可以倒流回过去吗？虽然这个想法在过去一直吸引着小说家和科学家的兴趣，但回到过去似乎违反了支配我们物理宇宙行为的重要对称性和守恒定律。然而，对称性曾经被打破过；一些曾经被视为不可改变的守恒定律也被实验证明是错误的，从而导致了对我们宇宙运作方式的新发现。

人物小传

华裔美国物理学家**吴建雄**（1912—1997）是已知的唯一一位曾参与曼哈顿计划的华裔科学家。1956年，她和她的研究生玛丽昂·比亚瓦蒂通过实验表明，宇称性（粒子遵循与其镜像相同规则的特性）在亚原子反应中并不总是守恒的。宇称破缺是一种基本的不对称性，它可能蕴含着关于时间倒流的可能性的线索，并凸显了我们在时空理解方面还存在许多科学未解之谜。

词汇表

吸积盘 以行星、恒星或黑洞等强引力源为中心的扁平的气态物质圆盘。

反物质 与典型物质类似但具有相反电荷的大质量粒子（如正电子和反质子）。

小行星 太空中的岩石或金属物质，直径约介于0.1千米至1000千米。

原子 化学元素的基本成分，由一个原子核和一个或多个电子组成。

重子 由胶子和三个（有时更多）夸克组成的亚原子粒子。

重子物质 由重子（如质子、中子、原子和分子）组成的物质，恒星、行星和人类都是由重子物质构成的。

双子星/双星系统 由两颗相互环绕的恒星组成的恒星系统。

黑洞 一种时空区域，那里的引力非常强大，没有任何东西（甚至光线）能从中逃逸。

玻色子 一种在其他粒子之间携带力的亚原子粒子。

宇宙微波背景 源自早期宇宙的电磁辐射，充满了整个宇宙空间。

暗能量 一种尚未被确认的能量形式，似乎就是它导致了宇宙的膨胀加速。

暗物质 不由重子组成的宇宙物质，不发射电磁辐射，只通过引力与重子物质相互作用。

氘核 由一个质子和一个中子组成的原子核。

DNA 脱氧核糖核酸的简称，是一种分子，地球上的碳基生物用以复制和保存遗传信息。

电子 一种具有负电荷的轻子，是构成原子的组成部分之一。

真核生物 由细胞核内带有DNA的细胞构成的生物；人类就是真核生物。

事件视界 黑洞周围的边界，在这个边界内，包括光在内的任何东西都无法逃脱。

进化 物种、生物类别或系统随时间推移而变化的过程；地球上的生命经历了自然选择的进化过程。

系外行星 太阳系以外的行星，通常围绕太阳以外的恒星运行。

费米子 一种具有质量和体积的亚原子粒子。

基本力 宇宙中的四种基本力：引力、弱核力、电磁力和强核力。

广义相对论 用数学描述宇宙中空间、时间和引力关系的科学理论。

胶子 一种携带强核力的玻色子（有八种）。

引力波 由极其高能的宇宙事件引发的空间涟漪，如两个黑洞的碰撞。

霍金辐射 由斯蒂芬·霍金首次提出的一种物理过程，根据他的观点，黑洞在漫长的时间后可能会失去质量并蒸发。

希格斯玻色子 一种促进其他粒子与希格斯场之间相互作用的亚原子粒子。

希格斯场 一种遍布宇宙的潜在场域，与粒子相互作用产生质量。

类人动物 地球上的一种生命类型，包括现代人和他们已经灭绝的遗传亲属。

电离 导致物质带电的一个过程。

同位素 化学元素的一种版本，其原子核中含有特定数量的中子和质子。

轻子 费米子的一种类型（有六种），包括电子和中微子。

光年 光沿着直线在宇宙真空经过一年时间的距离，约9.5万亿千米。

质量 物质的属性，使其变重，因此移动速度不及光速。

陨石 通常是冰质、岩石质或金属质的固体物体，从外太空撞击到地球表面。

星云 宇宙中的气体和星际尘埃云，要么是年轻恒星在形成过程中产生的，要么是由老化或垂死的恒星产生的。

核合成（或核聚变） 一种将较轻、较简单的原子核结合成较重、较复杂的原子核的物理过程。

中微子 一种质量很小的轻子。不要把它与中子相混淆，中子是重子的一种类型。

中子星 一种密度极大的恒星残骸，通常是超新星爆炸的产物。

光子 一种携带电磁力的玻色子；光是由光子组成的。

普朗克时间 宇宙历史上最早的时期，时间极其短暂，以至于其中的物理定律尚未被理解。

势场 一种无形的空间区域，通常围绕着一个物体，当某些种类的粒子与物体相互作用时，会产生能量或力。

质子 宇宙中最常见的重子；它是氢原子的原子核，它包含胶子、两个上夸克和一个下夸克。

脉冲星 一颗自旋速度非常快的中子星，在旋转时产生有规律的脉冲辐射。

量子波动 宇宙中某一微小部分所含能量的突然而非常短暂的变化。

量子力学 用数学描述原子和亚原子粒子的物理行为的科学理论。

夸克 一种费米子（有六种），是重子和其他复杂粒子的组成部分。

类星体 一种非常明亮的能量和辐射源，由其中心的超大质量黑洞驱动。

放射性衰变 一种过程，较重的、较复杂的原子核会随着时间的推移逐渐释放亚原子粒子，成为较轻的、较简单的原子核。

复合 与电离相反的一个过程，带电粒子聚在一起形成中性原子。

红巨星 恒星生命周期的一个阶段；太阳将在大约50亿年后变成红巨星。

奇点 时空中的一个单一位置，物理学标准规则不适用于该位置，例如在黑洞或大爆炸中。

时空 宇宙万物皆囊括于其中的四维"结构"。

狭义相对论 用数学方式描述物体如何以不同速度在时空中运动的科学理论。

亚原子粒子 一种比原子小的粒子，如玻色子、费米子和重子。

超新星 恒星生命周期结束时产生的强大爆炸。

均变论 一种科学观念，认为自然法则在宇宙的过去、现在和未来都以相同的方式运作，从而导致复杂系统（如地球）的缓慢而渐进的变化。

白矮星 一种热恒星残骸；太阳将在大约70亿年后成为白矮星。

资源

书籍

《宇宙30秒》，查尔斯·刘、凯伦·马斯特斯、塞维尔·萨卢尔，常春藤出版社，2019。

《十问：霍金沉思录》，斯蒂芬·霍金，班坦图书公司，2018。

《宇宙》，卡尔·萨根，兰登书屋，1980。

《生命的多样性》，爱德华·O.威尔逊，诺顿出版社，1999。

《爱因斯坦的怪物：探索黑洞的奥秘》，克里斯·伊姆佩，诺顿出版社，2018。

《万物的终结：宇宙毁灭的5种方式》，凯蒂·麦克，斯克里伯纳出版社，2021。

《第一代人类：发现我们最早的祖先的竞赛》，安·基本斯，双日出版社，2006。

《最初三分钟：关于宇宙起源的现代观点》（第2版），史蒂文·温伯格，培基出版社，1993。

《便携天文学答案书》（第3版），查尔斯·刘，明墨出版公司，2013。

《便携物理学答案书》（第3版），查尔斯·刘，明墨出版公司，2020。

《阴影中的现实（或者）希格斯到底是什么？》，S.小詹姆斯·盖茨、弗兰克·布利策和斯蒂芬·雅各布·塞库拉，YBK出版公司，2017。

《直到时间的尽头：追寻宇宙、生命和意识的最终意义》，布莱恩·格林，克诺夫出版集团，2020。

《弯曲的旅行：揭开隐藏着的宇宙维度之谜》，丽莎·兰道尔，埃科出版公司，2005。

《动物学家的星际漫游指南》，阿里克·克申鲍姆，维京企鹅图书公司，2020。

网站

美国天文学会（AAS）
aas.org
北美专业天文学家和天体物理学家的主要组织，成立于1899年，总部设在华盛顿特区。

美国地球物理学会（AGU）
agu.org
1919年以来，该学会一直致力于地球和空间科学的发展，在137个国家拥有超过60 000名成员。

欧洲核子研究组织（CERN）
home.cern
世界上最大的粒子物理实验室，位于法国和瑞士边境，是大型强子对撞机（LHC）的所在地。

欧洲航天局（ESA）
esa.int
由22个成员国组成的政府间组织，致力于空间科学和探索，总部设在巴黎，在法属圭亚那有一个太空港。

伦敦地质学会
www.geolsoc.org.uk
英国的国家地质科学协会，成立于1807年，宗旨是提高人类对地球的认识和理解。

国际天文学联盟（IAU）
iau.org
由积极从事天文学研究和教育的专业人士组成的协会，成立于1919年，总部设在巴黎。

利基基金会
leakeyfoundation.org
成立于1968年，旨在增进对人类起源、进化、行为和生存的科学知识、教育和公众理解。

皇家天文学会（RAS）
ras.ac.uk
总部设在伦敦的学术团体和慈善机构，1820年作为伦敦天文学会成立。

太空望远镜科学研究所（STScI）
stsci.edu
位于巴尔的摩的哈勃太空望远镜、詹姆斯·韦伯太空望远镜和未来的南希·格雷斯罗马望远镜的母体机构。

宇宙101
map.gsfc.nasa.gov/universe/
由美国宇航局的科学家和教育工作者创建的关于宇宙学和大爆炸的在线入门读物。

维拉·C.鲁宾天文台
lsst.org
这是一个国际项目，其主要望远镜位于智利，计划在未来十年内制作出人类历史上最深、最广的宇宙图像。

致谢

作者衷心感谢本书的编辑团队，特别是卡罗琳·厄尔，她的付出使本书得以顺利出版并呈现给读者。在写这本书的过程中，作者得到了美国国家科学基金会、纽约市立大学、艾尔弗雷德·P.斯隆基金会和美国国家航空航天局的支持。

图片来源

关键词：t=顶部；b=底部；l=左侧；r=右侧，c=中心；以及其变体

文内绘图：马克西姆·马洛维奇科
所有其他图片：

2 & 103 NASA,ESA, M. Robberto (Space Telescope Science Institute/ESA) and the Hubble Space Telescope Orion Treasury Project Team; 4–5 & 135 NASA/CXC/M. Weiss; 52–53 NASA/WMAP Science Team; 67 t NASA, ESA, and P. Oesch (Yale University); 67 b ALMA (ESO/NAOJ/NRAO), NASA/ESA Hubble Space Telescope, W. Zheng (JHU), M. Postman (STScI), the CLASH Team, Hashimoto et al; 70 & 81 NASA/JPL-Caltech/ESO/R. Hurt; 74 NASA, ESA, D. Elmegreen (Vassar College), B. Elmegreen (IBM's Thomas J. Watson Research Center), J. Sánchez Almeida, C. Munoz-Tunon & M. Filho (Instituto de Astrofísica de Canarias), J. Mendez-Abreu (University of St Andrews), J. Gallagher (University of Wisconsin-Madison), M. Rafelski (NASA Goddard Space Flight Center) & D. Ceverino (Center for Astronomy at Heidelberg University); 75 NASA, ESA, H. Teplitz and M. Rafelski (IPAC/Caltech), A. Koekemoer (STScI), R. Windhorst (Arizona State University), and Z. Levay (STScI); 77 NASA, ESA, S. Baum and C. O'Dea (RIT), R. Perley and W. Cotton (NRAO/AUI/NSF), and the Hubble Heritage Team (STScI/AURA); 79 tl NASA, Holland Ford (JHU), the ACS Science Team and ESA; 79 tr NASA, ESA, and The Hubble Heritage Team (STScI/AURA); 79 cl NASA, ESA, S. Beckwith (STScI), and The Hubble Heritage Team (STScI/AURA); 79 cr ESA/Hubble & NASA, A. Bellini; 79 bl NASA, ESA, and The Hubble Heritage Team (STScI/AURA); 79 br ESA/Hubble & NASA, J. Lee and the PHANGS-HST Team. Acknowledgement: Judy Schmidt; 87 NASA, ESA, and the Hubble Heritage (STScI/AURA)-ESA/Hubble Collaboration; 89 t T.A. Rector (University of Alaska Anchorage), Richard Cool (University of Arizona) and WIYN; 89 b NASA, ESA, and the Hubble Heritage (STScI/AURA)-ESA/Hubble Collaboration; Acknowledgment: J. Mack (STScI) and G. Piotto (University of Padova, Italy); 105 t ESA/Hubble and NASA; acknowledgement: Judy Schmidt; 105 b ALMA (ESO/NAOJ/NRAO), NSF;

107 Mercury NASA/Johns Hopkins University Applied Physics Laboratory/Carnegie Institution of Washington; 107 Venus NASA/JPL; 107 Earth NASA; 107 Mars NASA, ESA, the Hubble Heritage Team (STScI/AURA), J. Bell (ASU), and M. Wolff (Space Science Institute); 107 Jupiter NASA/ESA/NOIRLab/NSF/AURA/M.H. Wong and I. de Pater (UC Berkeley) et al.; Acknowledgments: M. Zamani; 107 Saturn NASA/JPL-Caltech/Space Science Institute; 107 Uranus Lawrence Sromovsky, University of Wisconsin-Madison/W.W. Keck Observatory; 107 Neptune NASA/JPL; 109 t NASA/ESA/H. Weaver and E. Smith (STScI); 109 b H. Hammel, MIT and NASA; 119 USGS/Public domain; 123 Frank Fox/http://www.mikro-foto.de (CC BY-SA 3.0 DE); 125 t Dr. Norbert Lange/Shutterstock; 125 cl Gertjan Hooijer/Shutterstock; 125 cr Henri Koskinen/Shutterstock; 125 b Eugen Haag/Shutterstock; 126 & 139 Walter Myers/Stocktrek Images/Getty Images; 140 & 155 NASA, ESA, and R. Kirshner (Harvard-Smithsonian Center for Astrophysics and Gordon and Betty Moore Foundation) and P. Challis (Harvard-Smithsonian Center for Astrophysics); 143 NASA, ESA, J. Hester, A. Loll (ASU); 147 l ESA/NASA; 147 r SOHO-EIT Consortium, ESA, NASA; 153 NSF/LIGO/Sonoma State University/A. Simonnet; 156 NASA; 159 NASA; 160 l Frank Nowikowski/Alamy Stock Photo; 160 r–161 Ikkel Juul Jensen/Science Photo Library; 163 t Pics by Nick/Shutterstock; 163 cl Guillaume Blanchard (CC BY-SA 3.0); 163 cr Marie-Lan Nguyen (CC BY 2.5); 163 b thipjang/Shutterstock; 165 tl Realy Easy Star/Alamy Stock Photo; 165 tc El Greco 1973/Shutterstock; 165 tr Daniel Schwen (CC BY-SA 4.0); 165 c Andrew Roland/Shutterstock; 165 b travelview/Shutterstock; 167 (1 to 6 clockwise from tl): 1: Rurik the Varangian (public domain), 2: Courtesy of Science History Institute, 3: NASA, 4: NASA/JPL-Caltech/ASU, 5: Wright Stuf (public domain), 6: Ttaylor (public domain); 169 t NASA/JPL-Caltech/SETI Institute; 169 b NASA/JPL-Caltech/MSSS; 175 NASA Earth Observatory images by Joshua Stevens, using Suomi NPP VIIRS data from Miguel Román, NASA's Goddard Space Flight Center; 177 SOHO-EIT Consortium, ESA, NASA; 179 NASA, ESA, Z. Levay and R. van der Marel (STScI), T. Hallas, and A. Mellinger.